生命，八卦一下！

男人為什麼長乳頭？女人為什麼每個月都要痛？

袁越——著

推薦序

最聰明的人，最笨的方法

柴 靜

會買這本書的人，肯定像我一樣胡思亂想過一些無厘頭的問題，比如說「為什麼是猴子，而不是老虎變成了人？」因為我常常想像一隻老虎坐進計程車，莊嚴地把尾巴掖進來：「司機先生，去中友。」自己樂半天。

袁越的解釋是：「因為黑猩猩最耐熱。」

啊？

「黑猩猩想活下來，牠怕夜裡的猛獸，只能中午捕食，而中午最熱。」

這是什麼邏輯？

「哺乳動物最怕熱的部分就是大腦。大腦是單位體積產生熱量最多的器官，也是對溫度變化最敏感的器官。要想為大腦降溫，必須加快血液循環，讓血液把大腦產生的熱量帶走。」

「有什麼依據？」

他立刻眉飛色舞：「考古學家通過測量顱骨上的『蝶導靜脈孔』和靜脈竇穿出顱腔所留下的血槽的直徑，發現愈是和現代人類接近的猿人頭蓋骨化石，『蝶導靜脈孔』愈多，直徑愈大，血槽也愈淺，說明它們的散熱效率也就愈高……」

「嗯……不懂。」

「總之……靠這套高效的散熱系統，直立人才敢在非洲炎熱的中午四處覓食，靠一頓午飯活了下來。」

「不可能，黑猩猩那速度，能追上誰啊？」

「牛羚的瞬時速度雖然快，但只能維持幾分鐘，否則就會被急速升高的體溫燒死，一個經過訓練的原始獵人可以在炎熱的中午，以每小時接近二十公里的速度連續奔跑四、五個小時！直到把獵物追得完全沒了力氣，只能站在原地等死。」

哈哈。

他說得起勁。「人是汗腺最發達的哺乳動物，在劇烈運動的情況下，一匹馬每平方公尺皮膚，每小時大約可以排汗一百克，駱駝為兩百五十克，人可以達到驚人的五百克！」

「能排汗有什麼用啊，我就跑不了那麼長時間……」
「你看，長時間的奔跑需要大量的氧氣……」
「……」
「在聽嗎？」
「你說要是老虎坐在計程車裡，會是蹲在座位上嗎？」
「……」
因為袁越有個部落格叫做「土摩托日記」，所以我們私底下都喜歡叫他土老師。土老師在飯局上常常也想談談音樂和文化，但一說話，就被人打趣：「你有什麼科學依據？」
他如果想認真解釋，就引起一陣哄笑。
他嘿嘿一樂，從不反擊。
這句話是他的標誌，因為他有固若金湯的重實證、重邏輯、重量化分析的思維習慣，他寫的這個叫「生命八卦」的專欄，很短，但是每一篇寫得都挺用力。除了他在美國做過十幾年的科學工作的經驗，他還每天去看最新的《科學》、《自然》、《新科學家》和《發現》、《紐約時報》、《時代週刊》等的科學版的報導，再動用維基和google等搜尋引擎，「尋找一切可能找到的相關素材」。
用他自己的話說，最笨的方法。

顧准說過，中國人太聰明，常常追求頓悟式的大智慧，像王陽明那樣，對著竹子「格物致知」，格了七天七夜，什麼也沒格出來，大病一場。

土老師寫這些關於生命的八卦，不追求什麼微言大義，不會動不動就直奔人類的終極智慧而去——我看對他來說，也沒什麼那樣的智慧存在。他只是老老實實地好奇，想了解一事一物，所以不帶前提地尋找證據，往往顛覆我自以為是的常識和經驗。

所以，在關於廈門「PX事件」（二〇〇七年廈門曾針對當地計畫興建的對二甲苯（PX）項目進行抗議）和地震預報的爭論中，他都在提供不同的意見，既不同於官方，也不刻意反官方，他只是忠於他了解到的資料，我沒有看到過他因為顧忌，而站在任何一方的立場上，也沒看過他趕過時髦，他只是展示證據，和提供他尋求證據的方式與路徑。

「我在寫作的時候，會有意識地在科學思維方式，和研究思路上多下筆墨。」他說。邏輯自會將人推向應往之地。

地震時，陳堅遇難去世，他也在場，但他的報導提供的不是簡單的感慨痛惜，而是救助中的科學。「壞死的肌肉，釋放出來的肌紅素等蛋白質，以及鉀離子等電解質就會隨著血液循環進入內臟，導致腎臟或心臟功能衰竭。一旦出現這種情況，病人幾分鐘內就會死去。」

他引用醫生的話，「面對病人的時候不輕易動感情，這樣才能在冷靜中做出正確的選擇」。

土老師其實也經常試圖抒一下情，他曾在秘魯給大家發簡訊說：「馬楚比楚（智利高峰，印加聖地）像個一肚子心事的啞巴，心事重重地坐在山坡上。」但很快，他就對印加人用處女祭祀山神的宗教情感，產生了不敬之意：「有個小細節讓我產生了一絲不安，X光顯示，她是被人用尖利的石塊，擊中腦殼後死去的，科學家還分析了她體內的血紅蛋白，發現她被擊中後起碼還存活了五分鐘……這不僅是一個宗教祭祀場所，可能還是個謀殺現場。」

在他的世界裡，理性是至高無上的神，一切都在其之下，在這種「求真」的憨態面前，任何感情都要讓步。

他算是歌手小娟極好的朋友了，寫樂評時也直言不諱地批評。寫完還渾然無事去見人家，回來後在ＭＳＮ上不安地對我說：「她哭了……」

唉。

他也有我看不順眼的地方，就是理科男的優越感。

我看土老師第一篇文章是「我只喜歡和智商高的人聊天」，寫他當天吃飯的對象——「也是復旦的！也是高考數學滿分！」

我這小暴脾氣，立刻寫了一篇我從小沒得過一百分、從沒被老師表揚過的人生經歷，還差點把題目寫成「從此失去土摩托」。哈哈。

土老師倒沒生氣，只在ＭＳＮ上打了個紅臉兒。我幾年後才弄明白，他是打心眼兒裡，喜歡智力這回事，這不光是他的樂趣——也許還是信仰？那種興奮之情裡大半是天真的高興。

土老師的部落格座右銘是：偏見源於無知。他的尖銳不是與人而戰，他與他心目中的無知作戰。

當然，有的時候姿態不太好看，男生嘛，總有點覺得自己個兒「站得高，濺得遠」的蠻勁，梁漱溟批評過熊十力的「我慢之重」——「慢，就是傲慢，就是覺得自己真理在手，心裡高傲，看不起別人」。

但他同時也是我見過的最講道理的傢伙，即使曾與他論戰的人，即使諷刺傷害過他的人，只要有一個說法有見地，他還是真誠地讚歎。他的部落格被老羅（牛博創辦人羅永浩）從牛博網站首頁拿掉之後，他對我說：「他刪我刪得有道理」，我本來想過「這傢伙不是裝的吧……」時間長了，發現還真不是。

用老羅的話，「土摩托是一個極少見的、有赤子之心的人」。

在胚胎問題上，我與方舟子有不同意見時，土老師很不留情面地寫文章批評我。我當時認為我們爭論的點應該在倫理上，但我後來理解了他為什麼那麼起勁，因為他們認為談倫理的基礎是「記者對真相要有潔癖」。

這句話對我來說很有用，以往做一期節目，辦公室裡經常要討論，「我們的落點在哪裡？我們的價值觀能高於別人嗎？」但是，不管你有一千個漂亮的第二落點，有一個問題是繞不過去的：「真？還是假？」

我在調查中也常擔心，觀眾對過於技術性的東西會感到厭倦，但是後來我發現，人們從不厭倦於了解知識——只要這些知識是直接指向他們心中懸而未決的巨大疑問的。

所以現在在出發前，我只問「我們能拿到的事實是什麼？這個事實經過驗證嗎？從這個事實裡，我能歸納出什麼？有沒有相反的證據？還有，嗯，別忘了，土老師這樣的天敵看了會說什麼？」

我也曾批評他智力上的獨斷與優越感，而從他近來的文字中也看到很大的變化——少有尖銳刺目的字眼，不是「立異以為高」，而是提供更多的材料讓人思考。

我想，這是他約我寫這篇文章的原因——我們都清楚，人人都有缺陷，所以必須尊重異己，對對方的觀點審慎地觀察和研究，並且公開而有誠意地討論和交鋒，這是糾正偏見的最好方式。

最後說一句。

每次我習慣性地批評土老師文章的時候，他總是非常老實地說：「對，您說得對！」我就不好意思往下說了。偶爾想誇一下的時候，他的反應總是「其實我那篇才叫真的好呢」，雀躍得讓人心碎，也沒法兒接話。

好吧，總算，借此機會，讓我完整地表達一下，土老師的文章裡有一種少見的窮究事理的憨厚笨拙的勁兒，加上他智商……咳咳……智商確實高。

六哥說過，好東西是聰明人下笨工夫做出來的。

這個笨工夫，是必須下的，急不得，急的結果都是油條式的——炸得金光錚亮出來了，都是空心的。

科學如此，媒體如此。

本文作者介紹

柴靜，記者、主持人。二〇〇三年爆發SARS時是最早進入疫區的記者之一，同年獲選「風雲記者」。先後擔任央視《新聞調查》記者、《面對面》主持人、《看見》主持人。二〇一二年出版自傳作品《看見》，大為暢銷。二〇一五年自費拍攝紀錄片《穹頂之下》，討論中國的霧霾污染，引發熱烈討論，但此片旋即在中國被禁播。

目次

第一集
你真的打算養隻貓？

男人為什麼不哺乳卻依然有乳頭？

毒素會不會代代相傳？

龍生龍，鳳生鳳，道德真的會遺傳嗎？

辣椒能治癌還是抗癌？

你為什麼會打噴嚏？

生活中，總有很多無關生死，卻很想問醫生的問題

男人為什麼長乳頭？

演化的原則不是追求完美，而是講究實效。

總有些無關生死，卻很想問醫生的問題

世界上大概只有男人才會嚴肅地思考這個問題。

小孩子會說：既然女的都有，男的為什麼沒有？女人會說：前胸光著多難看啊？而且，男人想歸想，只有酒喝多了的傢伙，才會嚴肅地跑去問醫生。現在好了，美國有兩個男人寫了一本書，回答了這個問題，書名就叫《男人們為什麼長乳頭？》，副標題是「喝了三杯之後才敢問醫生的一百個問題」。這些問題全都是無關生死的醫學問題，男人們閒得無聊的時候，會拿它們來消磨時間。比如，美國流傳一種說法：誤吞的口香糖要在肚子裡待七年，才會被消化掉。世界上肯定有不少邊嚼口香糖、邊喝水的人，會暗自擔心好一陣子，請看這本書的作者是怎麼回答的：

為什麼總是七這個數字？你打碎一面鏡子要倒楣七年，狗的一歲相當於人過七年……那麼，假如一條狗先打碎了一面鏡子，然後又誤吞了一塊口香糖呢？看起來像是一道代數題。

讀到這裡，我居然真的算了算，發現這條狗要被那塊口香糖折磨四十九年，真倒楣……

接下去，作者用科學的方法回答了這個問題：雖然口香糖不能被消化，但製造口香糖會用到一種人造糖精——山梨糖醇，而這種東西是可以通便的。所以，你根本不用擔心那塊被誤食的口香糖，明天它就會被沖進下水道了……

這本書回答了一百個說大不大、說小也不小的人體生理問題，有很多都曾經困擾過我很長的時間。比如：天冷的時候，人為什麼會牙齒顫抖？冷飲喝得過快，為什麼會頭疼？微波爐是否會致癌？打呵欠為什麼會傳染？酒摻著喝，為什麼更容易醉？人吃了蘆筍為什麼會撒出怪味尿？等等。關於最後一個問題，作者是這樣回答的：

蘆筍含有硫醇，大蒜、洋蔥和臭雞蛋中也都含有這種物質。人體內有一種酶可以把硫醇分解為硫化氫，所以會有臭味。根據一項研究顯示，只有百分之四十六的英國人體內含有這種酶，法國人則百分百都有。下面請自己編寫一個關於法國人的笑話……

這最後一句話就是本書最重要的特點——幽默。原來，該書的作者之一馬克・雷納是職業作家，他從小就喜歡醫學，出版的第一本書的名字就叫《我的堂兄，我的腸胃病專家》。雷納曾經在藥店當過售貨員，經常有顧客把他當醫生，詢問各種有趣的醫學問題。一次他在為ABC電視台的一個醫院主題的劇本做調查研究的時候，認識了急診室大夫比利・哥德堡，後者淵博的知識和對待病人的寬厚態度，吸引了雷納，兩人成為朋友。這本書的主題就是在兩人的一次閒談中誕生的。

由於雷納的加入，這本書的敘述少了枯燥的說教，多了許多冷面滑稽，讀者在哈哈大笑之餘，潛移默化地學到了很多有用的知識。比如，該書告訴讀者：被毒蛇咬了之後，不要用嘴吸出毒液，那是好萊塢電影的做法，不但沒用，而且會引起感染。正確的做法是，用肥皂清洗傷口，把被咬的部位固定在心臟的位置以下，然後趕緊去叫醫生。再比如，在公共廁所出恭，會不會感染性病？為了準確地回答這個問題，兩人專門做了研究，結果發現，一張辦公桌上能找到的致病細菌，竟然是公共廁所馬桶圈的四百倍！當然了，這是美國的資料，誰來考察一下中國的情況？

這本書出版時只印了一萬五千冊，一個月後的印量已經超過了四十七萬冊，名列《今日美國》暢銷書榜單的第七名。這本書的暢銷，說明科普作家也可以賺大錢，就看你寫什麼，怎麼寫了。

男人的乳頭是怎麼長出來的？

想知道男人為什麼長乳頭嗎？書中給出的答案是這樣的：原來，男人女人在發育初期是沒有區別的，人類胚胎直到第六週時，性別染色體才開始呈現，而乳頭在第四週的時候就已經成形了。不過，這個解釋只是告訴讀者，男人的乳頭是怎麼長出來的，沒有說明男人究竟為什麼會長乳頭，因為它們似乎既不符合神創論，也不符合演化論。很難想像上帝這個萬能的建築師，會允許這對沒用的器官存留世上，而多年的演化居然也沒有把它們演化掉，似乎也是個奇蹟。其實，男人的乳頭恰恰說明了演化論的正確。按照達爾文的解釋，演化是在自然選擇的壓力下發生的。男人的乳頭雖然沒用，可也沒害，自然選擇的壓力並不存在。所以，大自然允許大多數雄性哺乳動物保留了乳頭。而且，如果你仔細觀察的話，還會在動物身上發現很多類似的無用器官。所以說，演化的原則不是追求完美，而是講究實效。

安非他命是世界頭號毒品?!

安非他命造成的危害遠比大麻厲害。

希特勒強迫士兵服藥

二戰時，凡是和德軍交過手的人，都驚訝於德國士兵的勇武，他們彷彿不知疲倦，跟在裝甲車後面一走就是一整天，到了地方居然不用修整，立刻就能投入戰鬥。好像他們不是肉做的，而是一架架機器。二戰結束多年之後，關於德軍使用興奮劑的報導，逐漸浮出水面。二〇〇三年，德國出版過一本名叫《「速度」的納粹》的書，收集了所有關於這方面的報導。二〇〇四年，德國《明鏡》又刊登了一系列紀念二戰結束的回憶錄，其中就有一篇專門講希特勒強迫士兵服藥的文章。這種藥就是甲基安非他命（Methamphetamine）。

二〇〇三年公布的一份調查報告顯示，全世界服用最多的毒品是大麻，共有一・六三億人吸食過。安非他命（Amphetamine）排在第二位，大約有三千四百萬人經常服用，其中以美國的癮君子人數最多。眾所周知，美國是世界上毒品問題最嚴重的國家，超過一半的監獄犯人都和毒品有關。二〇〇五年七月，美國郡縣聯合會公布的一份調查報告顯示，美國大部分郡縣的警察局，都把安非他命看成是危害最大的毒品。因為雖然吸食它的人數不如大麻多，但它所造成的危害遠遠比大麻厲害。

為什麼這麼說呢？這就要從一百多年前講起。安非他命是一種人工合成的小分子化合物，屬於神經興奮劑。一八八七年，德國科學家首先合成了安非他命，但它被當做興奮劑使用則是從一九二〇年開始。如今癮君子們最喜歡的甲基安非他命最早是在一九一九年，由日本人首先合成的，這是安非他命的衍生物，簡稱Meth或者「速度」（Speed）。Meth毒性更大，合成起來也更容易。

服用安非他命，可以使人精神保持亢奮，對周圍環境更加警覺，而且如果服用劑量夠大，這種狀態能夠保持二十四小時以上。難怪當初希特勒知道了此藥的效果後，立刻決定生產大量的甲基安非他命，供德國士兵服用。這種藥使德軍的行軍速度加快了許多，後來人們乾脆把此藥叫做「速度」。雖然盟軍中也有人使用「速度」，但在二戰時，「速度」最主要的使用者是德軍和日軍，可以說，早期軸心國軍隊在軍事上的勝利，與「速度」的廣泛使用有一定的關聯。可是，和大多數興奮劑一樣，安非他命用多了，人體就會產生抗藥性，需要的劑量也會愈來愈大。因此德國科學家又想到了海洛因，便以它為主製造出一種新的興奮劑，並首先在集中營裡拿犯人當試驗品。幸好這種被命名為「D-IX」的新藥還沒等通過驗收，二戰就結束了。

戰爭結束後最麻煩的事

德國軍隊的「神藥」讓盟軍開了竅，美軍就曾在後來的幾次戰爭中，多次使用興奮劑提高戰鬥力，以至於戰爭結束後，怎樣讓回家的士兵戒毒，反而成了最棘手的事情。不過，興奮劑用多了也會惹麻煩，安非他命就會讓服用者患上「妄想症」，看誰都像敵人。據說伊拉克戰爭中，美軍誤傷加拿大士兵的那次「事故」，就是因為當事者服用了大量安非他命所致。

安非他命的「神力」在和平年代，也派上了用場。很多考試前抱佛腳的學生、夜裡開長途的卡車司機，甚至需要加班的民航飛行員都喜歡它。有人曾信誓旦旦地說，安非他命比咖啡因效果好很多，而且不上癮。確實，安非他命的生理成癮性不強，遠不如咖啡因。但安非他命能讓人產生愉悅感，很容易使服用者對它產生嚴重的心理依賴，因此相當危險。

安非他命比大多數毒品都便宜，因為它很容易合成，幾種市面上買得到的感冒藥就可以作為原料，所以美國到處都是製作安非他命的小工廠。二〇〇五年七月底，美國參議院通過了一項法律，以後購買感冒藥的人，也必須出示身份證並進行登記，看來美國政府真的下決心要治一治「速度」了。二〇〇四年，史丹佛大學的科學家用核磁共振的方法研究了甲基安非他命成癮者的大腦，發現這些人大腦中，主管感情和記憶的部分，有超過百分之十的神經細胞都被殺死了。這則消息在媒體上廣為宣傳，顯然美國政府終於打算嘗試用科學，而不是行政命令來解決毒品問題了。

如果這個實驗結果正確的話，當初法西斯在二戰中失利顯然是有原因的：他們不但都成了冷血動物，而且都得了健忘症。

附注：二〇〇八年開播的美劇《絕命毒師》裡，老白製造的藍色毒品就是甲基安非他命。

為什麼流行時尚離不開古柯鹼？

人類使用古柯鹼已有很長的歷史。

許多模特兒都是古柯鹼的癮君子？

國際時裝界最大的新聞，不是H&M即將推出新的時裝系列，而是原本為這個系列做形象代言人的著名模特凱特·摩絲公開承認自己服用了古柯鹼。作為歐洲最大的時裝連鎖店，H&M立即終止了與摩絲的合同。H&M發言人表示：「H&M的形象代言人必須是健康、誠實和可靠的。」

有趣的是，此次時裝展覽的設計師斯泰拉·麥卡尼是前「披頭四」樂隊的貝斯手保羅·麥卡尼的女兒，當年「披頭四」走紅的時候，這位貝斯手曾經因為毒品問題，被抓過無數次，甚至還因為私藏大麻，在日本蹲過九天監獄，說他是上世紀六、七〇年代的毒品代言人，一點也不過分，以他為代表的一批搖滾歌手，為毒品在西方的氾濫立下了汗馬功勞。如今這一現象絲毫沒有改變，摩絲雖然失去了H&M

的合約，但仍然日進斗金。由她代言的Dior和Calvin Klein各擁有一款香水，名字分別叫做「癮誘」（Addict）和「渴望」（Crave）。她還拍過一個香水廣告，名字就叫「鴉片」。內行人都知道，時裝行業與毒品密不可分，幾乎所有的模特兒，私底下都是古柯鹼的癮君子，她們把古柯鹼稱作「A級藥物」。這些漂亮的模特兒已經代替了長相通常很猥瑣的搖滾音樂家，成為古柯鹼新的形象代言人。

從歷史上看，古柯鹼並不總是有如此好的運氣。古柯鹼是天然物質，大量存在於南美洲的古柯葉子中。南美山區的印第安人很早就有咀嚼古柯葉的習慣，他們認為古柯葉能讓他們在爬山時體力充沛，這些皮膚黝黑、瘦小精幹的當地人，可以說是古柯鹼的第一批形象代言人。當西班牙殖民者入侵南美洲之後，侵略者們看不起這些「未開化」的原住民，認為古柯葉的功效，只是當地人的偏見或者誤解。因此在很長一段時間裡，這些傲慢的西班牙人都沒有去碰它們。後來當西班牙人終於體會到了古柯葉的效力之後，他們開始向古柯葉買賣強行徵稅，這筆稅金是當初天主教在南美傳道主要的資金來源。

名人成了毒品代言人？

一八五五年，德國科學家首先從古柯葉中提煉出功能成分——古柯鹼。一八六〇年，另一位德國科學家改進了提煉方法，並首次把古柯鹼命名為古柯鹼。歐洲醫生們發現古柯鹼能夠使人產生愉悅感，有很強的提神功效，因此古柯鹼很快就在歐洲流行開來，甚至成為治療海洛因上癮的藥物。著名心理學家佛洛伊德，不但自己經常服用古柯鹼，而且還試圖用古柯鹼治療好友的海洛因癮，結果卻使那個可憐的人，變成了海洛因和古柯鹼的雙重癮君子。

除了佛洛伊德以外，還有很多達官顯貴是古柯鹼的忠實「粉絲」，其中包括英國女王、天主教教皇以及美國某任總統格蘭特。古柯葉還被用作一種葡萄酒的原料，自由女神像的設計者法國人巴特勒迪曾經對朋友說，如果他早點喝到這種古柯鹼酒，他就會把女神像設計得更高一些。

有了這批名人為其代言，古柯鹼終於在歐洲流傳開來，一八八六年第一瓶可口可樂誕生的時候，其中就含有古柯鹼，直到一九〇六年才因為美國國會頒布的「提純食品藥品法案」而改用不含古柯鹼的古柯葉。這項法令的頒布，標誌著古柯鹼的代言人，從社會顯貴演變成了「野蠻黑人」。原來，醫生發現，古柯鹼除了能讓人愉悅之外，還會使人產生短暫的情緒失控，並會導致服用者上癮。就在此時，一直在北美從事體力勞動的貧窮黑奴，發現了這種廉價的興奮劑，他們學會了用古柯鹼來增強體力，也學會了從古柯鹼中尋找廉價的快樂。從此，白人主流社會對待古柯鹼的態度來了個一百八十度大轉彎，不斷有媒體報導說，黑奴因為服用了古柯鹼而產生了暴力傾向，強姦了白人婦女。

事實上，當初很多毒品被禁，都與種族歧視有關。禁古柯鹼是對黑人的歧視，禁鴉片是對華人的歧視，禁大麻是對墨西哥人的歧視。再後來，這些毒品因為導致幻覺的功能，而被很多藝術家所喜愛，尤其在音樂領域更是如此。

七〇年代興盛一時的迪斯可，就與古柯鹼的流行有很大的關係，迪斯可俱樂部裡，那些不顧一切放縱自己的舞者，就成了古柯鹼的新一代代言人，是他們把古柯鹼變成了時髦的「派對A級藥物」，流行開派對的時裝界因此也就成了古柯鹼最氾濫的地方。

古柯鹼能夠抑制食欲，因此深受模特兒們的擁戴。前文那位H&M發言人所說的「健康」的代言人其實都是古柯鹼塑造出來的，那些瘦得「令人嫉妒」的模特兒，正好反映了整個時尚行業的虛偽和空虛，模特兒用自己的生命作為代價，為老百姓虛構了一個「健康」的形象，為老闆們贏得了大量金錢。作為古柯鹼的代言人，凱特・摩絲只不過是商業遊戲中的一個犧牲品而已。

冬眠醒來，就抵達火星了！

讓太空人冬眠，便能解決長途太空旅行。

怎麼解決太空長途旅行的難題呢？

二〇〇六年三月，美國太空總署（NASA）發射的一顆探測衛星，終於進入了火星軌道，即將開始為期四年的科學考察。這顆探測衛星是二〇〇五年八月份就發射的，假如這是載人飛行的話，為期半年的長途旅行，要耗費大量的食物和水，目前沒有任何火箭能夠產生足夠的推力，把這些補給送到遙遠的火星上去。怎麼解決這個難題呢？有一個辦法十分誘人，那就是讓太空人冬眠。

其實，冬眠這一招，很早就被科幻小說家想出來了，不少以星際旅行為主題的電影裡都出現過類似情景。不過宇航界一直沒有下很多力氣去研究，畢竟人類目前的技術手段，最多只能把太空人送到月球這樣的近距離目標，犯不上冒那麼大的風險。但是按照NASA最近提出的火星計畫，需要一次送六名太空人去火星，單程就需耗時六個月，先不說食品、氧氣和水的供應問題，光是解決這些太空人因長期封閉所產生的心理問題，就足夠NASA忙的。於是，這個冬眠計畫終於被提到議事日程上來了。

其實，早在二〇〇四年，歐洲宇航局就公布了一項研究成果，提出一種類似鴉片、名叫DADLE的化學物質，能夠誘發松鼠進入冬眠期。但是這項實驗從理論上講，並沒有太大的突破，因為松鼠本來就會冬眠，科學家對一些已經失去冬眠能力的哺乳動物，更感興趣。

二〇〇五年，美國西雅圖一家癌症研究所的科學家馬克・羅斯終於做到了這一點。他領導的科研小組成功地誘導老鼠進入了冬眠期，而且所用的誘導劑也是一種哺乳動物自身就能產生的化學物質：硫化氫（H2S）。稍微有點生化常識的人都知道，硫化氫是一種有毒氣體，普遍存在於下水道和石化工廠的「酸性氣田」中。它能夠和細胞色素C氧化酶結合，而這種對新陳代謝很重要的蛋白質，通常都是結合氧氣的，於是硫化氫剝奪了細胞利用氧氣的能力，這一原理非常類似於一氧化碳（瓦斯）中毒。

利用毒氣誘導冬眠？

那麼，這種毒氣怎麼會誘導冬眠的呢？事情還得從一種線蟲說起。羅斯的研究小組發現，絕對無氧的環境，可以誘發線蟲進入冬眠狀態，再恢復供氧後，也不會對線蟲造成損傷。但是，微量的氧氣（〇・〇一％～〇・二％）卻會讓發育中的線蟲試圖繼續發育的過程，其結果則是致命的。這種低氧環境非常類似於人類的缺血狀態，因為即使把人放在完全沒有氧氣的屋子裡，人血液中剩餘的氧氣，也將使人體組織無法達到完全無氧的狀態。因此，低氧狀態下，線蟲的死亡和人類在缺氧狀態下的死亡是很類似的。

那麼，怎樣才能使人體組織處於完全缺氧的狀態呢？美國匹茲堡大學的科學家，曾經做過一個有名的實驗，他們先透過誘導的辦法，讓實驗狗心臟停止搏動，然後用低溫生理鹽水，為這些狗施行換血，生理鹽水攜帶氧氣的能力比血液低很多，因此狗組織中的含氧量，被顯著地降低了。這些狗喪失了意識，不再有呼吸和心跳。然後科學家再用輸血的辦法使狗甦醒，這些狗沒有一隻表現出任何損傷。很顯然，完全無氧狀態能夠誘導像狗這樣的高等動物，進入冬眠狀態。

但換血這個辦法太過麻煩，危險性也大。有沒有更好的辦法呢？有，那就是使用氧氣的競爭劑。大部分這類競爭劑都是有毒的，因為它們會妨礙細胞利用氧氣，產生能量的過程。一氧化碳就是這樣一種知名度很高的競爭劑，但是它結合紅血球的能力太過強大，因此羅斯他們只好嘗試使用其他的氧類似物。硫化氫屬於常見的工業毒氣，有關它的資料和資料十分詳細，因此它被選中了。

羅斯把老鼠暴露於高達八〇%的硫化氫氣體中，結果老鼠的體溫很快下降，最後穩定在比環境溫度高2°C的地方。牠們的二氧化碳排放量顯著降低，最終可降低十倍，顯示牠們的新陳代謝速率降到了正常老鼠的十分之一。這些老鼠均停止了活動，表現出意識喪失的狀態。換句話說，原本不會冬眠的老鼠，被硫化氫誘導進入了冬眠期。

那麼，這種冬眠狀態是被動誘導出來的，還是老鼠體內本身就有的一種應急功能呢？羅斯認為是後者。他在論文中指出，地球上的早期生命所處的環境和現在很不一樣，那個時候，地球上只有硫化氫，生物只能利用硫化氫來產生能量。隨著氧氣量的增加，生物逐漸演化出了氧代謝，但是仍然保留了硫代謝的機制。事實上，氧代謝和硫代謝從機制上看十分相似，至今人體還會自發產生硫化氫，只不過此時的硫化氫所扮演的角色發生了轉變，變成了氧代謝的拮抗劑。當細胞缺氧或者用氧過度時，便會自發產生硫化氫，透過和氧氣競爭，來減緩氧代謝的速率。也就是說，硫化氫的這種平衡功能，其實是細胞固有程式的一部分。

這個例子再次說明，從演化的角度看問題，是一種很有用的思維方式，很多看似奇怪的生命過程，都可以從演化中找到答案。

這項實驗意義重大，也許在不遠的將來，我們將能夠讀到下面的報導：鈴鈴鈴……鬧鐘響了。太空人一覺醒來，火星到了。

毒素會不會代代相傳？

假如你接觸了某種有害的化學物質，那麼你的重孫子也會得病。

農藥效果能遺留幾代？

綠色和平組織曾指控，亨氏米粉含有基因改造成分，雖然農業部的檢測結果還沒有出來，但不少城市的消費者已經聞風而動，亨氏產品遭到了顧客的變相封殺。與此同時，又一輪關於基因改造食品是否安全的大討論正在坊間熱烈展開。

基因改造作物有很多不同的類型。如果只是單一地提高產量或者提高某類營養成分的含量，爭議還不是很大，畢竟增加的是原來就有的成分。目前對基因改造產品的爭議，主要集中在抗病蟲害領域，因為這種基因改造作物將會生產出新的蛋白質，這次亨氏米粉就是因為被懷疑帶有轉ＢＴ基因抗蟲水稻成分，而受到了質疑。

但是，蟲害總是存在的。在沒有找到更好的方法之前，不基因改造就只有灑農藥。和基因改造不同的是，大多數農藥都是人工合成的化學物質，其在食品中的殘留物，對人體是有毒的。有一類很常見的農藥，會干擾人體內分泌系統，近來受到很多科學家的關注。下面要講的這個故事，就發生在一個研究這類農藥的實驗室裡。

美國華盛頓州立大學有一個「生殖生物學研究中心」，主任麥克・斯金納（Michael Skinner）帶領一批研究人員，試圖找出農藥對哺乳動物生殖系統的影響究竟有多大。他們試驗了兩種常見農藥，一種名叫「免克寧」（Vinclozolin），是葡萄園裡常用的一種抗真菌農藥。另一種是「甲氧DDT」（Methoxychlor），一種用來代替DDT的殺蟲劑。他們把大劑量的農藥，注入懷孕的雌鼠體內，然後觀察第二代雄性老鼠的精子品質。結果發現，第二代雄鼠的精子數量下降，游動速度也明顯降低了。

二○○一年的某一天，斯金納手下的一個女博士後研究員敲門進來，不好意思地向老闆報告說，她不小心讓一對第二代小鼠交配了。斯金納本來沒計畫這樣做，因為科學界公認這類農藥不會改變小鼠的DNA順序，因此也就不具有遺傳性。但是出於好奇，斯金納沒有指責她，而是讓她繼續觀察。結果令他們大吃一驚，第三代雄鼠的精子品質，仍然受到了影響。要知道，牠們的父母（第二代小鼠）從來沒有接觸過農藥，也就是說農藥的效果有了遺傳性。這個發現違背了當時已知的所有生物學定律，因此斯金納沒敢貿然發表結果，而是繼續做重複實驗。結果更加令人驚訝，農藥的效果竟然一直延續到了第四代小鼠身上。

如果你祖母接觸了某種農藥，那麼你就有可能患上癌症？

按照經典遺傳學的說法，後天獲得的特徵是不會遺傳給下一代的，除非父母的生殖細胞的DNA順序發生了改變。進一步分析顯示，這兩種農藥確實沒有改變雌鼠的DNA順序。那麼，農藥究竟改變了什麼呢？經過四年的研究，斯金納終於發現了其中的祕密。原來，農藥改變了母老鼠DNA的修飾方式，或者準確地說，農藥改變了DNA的甲基化。二〇〇五年，斯金納在國際知名雜誌《科學》上發表了研究成果，在生物學界引起了很大的轟動。

其實，DNA甲基化並不是什麼新東西。科學家早已知道，DNA分子上的某些部位可以被安裝上一個甲基，這些小裝飾會改變基因的活性，比如原本一直在活躍地生產蛋白質的某個基因，會因為甲基化而被關閉。科學家還知道，甲基化以及其他一些DNA修飾方式，是生物體調節基因功能的常用手段之一。愈來愈多的證據顯示，一些常見的由環境引起的癌症和免疫疾病都與DNA修飾有關。

但是，以前科學家並不相信DNA修飾能夠遺傳給後代，斯金納的發現改變了人們的看法。如果翻譯成通俗的語言的話，這項實驗等於是說：假如你祖母接觸了某種農藥，那麼你就有可能患上癌症。或者，假如你接觸了某種有害的化學物質，那麼你的重孫子也會得病。而所有這一切，都與DNA順序的改變無關。遺傳學家發明了一個新名詞，用來描述這一新興學科：「表徵遺傳學」（Epigenetics）。很顯然，這一新領域對遺傳學、生理學和生物演化的研究都將產生重大的影響。

再回到農藥的話題。從前人們判斷一種農藥是否有毒的主要證據之一，就是它是否能夠改變DNA順序，因為基因突變被公認是導致癌症的主要原因。科學家為此設計了一系列標準化實驗，一種農藥如果能夠通過這些實驗，就會被視為「不致癌」。「表徵遺傳學」改變了這一規則。按照這一新規則，很多目前常用的農藥，很可能都是有害的，因為農藥殘留會透過改變DNA修飾的方式，導致癌症和其他疾病，並會把這種影響遺傳給後代。

沒人敢說基因改造百分百無害，但是不用基因改造而導致的農藥濫用，肯定是有害的，而且其危害還在進一步擴大。

每個人都有種族歧視？

種族歧視存在於人的潛意識中。

為什麼種族主義偏見到處存在？

二〇一四年世界盃八強賽有個特點，每場比賽之前都會舉行一個反種族主義的儀式。可是，我們卻經常會在報導中看到這樣的文字：意志頑強的德國戰車怎樣怎樣，生性奔放的巴西人如何如何，狡猾的葡萄牙人如此如此……這些加在國家名稱前面的修飾語，被無數球迷和球評們不假思索地用在文章裡，他們有沒有意識到，這其實是一種種族主義偏見？

哈佛大學心理學系的研究人員瑪查琳・巴娜吉（Mahzarin Banaji）肯定意識到了。她來自印度，從大學起就對印度社會普遍存在的歧視現象深惡痛絕。後來她移民美國，和另兩位科學家一道開創了一門新理論，叫做「內隱歧視」（Implicit Prejudice）。這個理論認為，人在理智的時候，也許不會認為自己有種族歧視的傾向，但是在他的潛意識裡，這種歧視廣泛存在。我們的大腦會不自覺地把某些東西聯繫在一起，比如膚色和暴力傾向，國籍和貧富程度，甚至肥胖和性格差異等等。

這種聯繫很隱祕。為了測量它，巴娜吉等人發明了一種「內隱聯繫測驗」（ITA），並於一九九八年把它放到了哈佛大學的網站上（http：//implicit.harvard.edu/implicit/）。迄今為止，全世界已經有超過三百萬人次做過這個測驗，統計結果令人震驚。比如，有超過百分之七十五的白人和亞裔受試者，傾向於把白人的價值觀放在黑人之上，而在黑人受試者中，這個比例居然也達到了百分之五十。另外，這個測試還可以測量人們對年齡和性別的「內隱歧視」程度，結果也說明，大多數受試者傾向於喜歡青年人多於老年人，喜歡男性多於女性。

這個測試目前已經有了中文版，測試內容包括體形、種族、性別、年齡、性取向和國家這六大項，測一次大約需要十分鐘。其中「國家」這項，就是當今中國人非常熱衷討論的「中美關係」。測試分成四步：第一步，螢幕上依次出現代表中美兩國的符號，受試者以最快的速度把它們分類，比如五星紅旗歸中國，星條旗歸美國；第二步，把一些意義明顯的名詞分類，比如鮮花歸為「好」，痛苦歸為「壞」；第三步，「好」和「美國」被預先分在了同一區，然後那些名詞和中美符號交替出現，受試者必須盡快把它們分在不同的區；第四步，「好」和「中國」被分在同一區，然後重複第三步的測驗。最後，電腦統計出受試者在第三、四步中做出每次選擇所需的時間，如果受試者在第三步時的反應時間快於第四步，就說明受試者更容易把美國和「好」聯繫起來，換句話說，受試者在潛意識裡，傾向於喜歡美國。

其他五項測試的原理與此類似，測的都是受試者對不同符號的反應時間。雖然有專家說這項測驗很難造假，但確實有一些生事者留言說，他們可以很輕易地造假，想要什麼結果就是什麼結果。從這些留言來看，上文所說的統計結果很有可能不夠準確。

那麼，拋開有些人故意造假的因素，這項測試是否有意義呢？

「內隱歧視」其實對人類的生存有幫助？

反對者說，影響測驗結果的因素太多，比如受試者對符號的熟悉程度（比如對星條旗不熟悉）就會影響受試者的反應時間。還有一些反對者認為，這項測驗雖然能夠測出受試者的潛意識，但這與受試者日常生活中是否真的歧視，沒有直接的關聯，因此意義不大。

支持這項測驗的人則認為，「內隱歧視」確實存在，而且在人們的日常生活中扮演了很重要的角色。不但如此，支持者們還認為，人一旦形成了偏見，就很難改變。為了證明這一點，科學家們找來一群大學生，給他們講述了一個編出來的故事：兩個名字古怪的部落（姑且命名為A和B）在一塊土地上生活，A部落好戰，殘酷無情，B部落愛好和平，性格善良。講完這個故事後，受試者被要求做「內隱聯繫測驗」，結果大多數人都在潛意識裡喜歡B。然後實驗者又對另一組大學生重複了這個試驗。不同的是，在講完部落的故事後，突然告訴受試者，那個故事裡的部落名字被搞錯了，A其實才是那個愛好和平的部落。然後，受試者又被要求做ITA測驗，結果他們仍然偏向B。雖然他們在事後的訪談中都認為自己喜歡A。

這個測驗暗示，人的「內隱歧視」起源很早，很可能在他剛懂事的時候，就在潛意識裡種下了種子。巴娜吉等人正在和靈長類動物專家合作，研究人類的「內隱歧視」是否隱藏在DNA中，換句話說，「內隱歧視」是否對人類的生存有幫助。

不管雙方爭論的結果怎樣，可以肯定的是，隨著「內隱聯繫測試」的普及，將會有愈來愈多的人被貼上「潛意識歧視」的標籤，甚至有人開始擔心，這項測驗本身會給受試者帶來新的歧視。不過，一些心理學家指出，潛意識裡的歧視和實際生活中的歧視完全不同，人類完全有能力透過加強教育等辦法，在現實社會中徹底消除歧視現象。

到那時，球評家們只能說：葡萄牙隊的C羅非常狡猾，但葡萄牙人是否狡猾我們不清楚。

你真的打算養隻貓？

弓漿蟲藉著貓，找到人類當宿主的途徑。

全世界有一半的人是弓漿蟲的宿主

你聽說過弓漿蟲（Toxoplasma gondii）嗎？可能沒有。對於一種寄生蟲來說，不被宿主發現，就是牠最大的勝利。從這個角度看，弓漿蟲是世界上最成功的人類寄生蟲，因為全世界有超過一半的人都是牠的宿主。

其實弓漿蟲是一種單細胞微生物，個頭非常小。牠的一生需要兩個宿主，最重要的宿主是貓。牠在貓的腸道裡，進行有性生殖，一次能產上億顆卵。這些卵隨糞便排出，可以在土壤裡存活一年。人若是不小心，吃了沒洗乾淨的蔬菜，就會被傳染上。不僅如此，絕大多數恒溫動物都能被傳染，牠們是弓漿蟲的第二宿主。因此人如果吃了沒煮熟的肉，也會中招。

弓漿蟲一旦進入人體，就會迅速傳遍全身，尤其喜歡聚集在腦組織裡。科學家曾經在顯微鏡下觀察被感染的人的血液，結果只發現了極少量自由活動的弓漿蟲，而且牠們都特別老實，游泳的速度很慢。那麼牠們是如何傳播的呢？又是如何突破血腦屏障的呢？科學家一直沒弄明白。

瑞典卡羅林斯卡學院的科學家巴拉甘，決定調查一下這個問題。他發現弓漿蟲很喜歡入侵樹突細胞，這是一種免疫細胞，負責識別外來病原體。巴拉甘發現樹突細胞一旦被弓漿蟲黏上，就會變得超級活躍，像個瘋子一樣，在顯微鏡下橫衝直撞。他猜測，也許是樹突細胞被弓漿蟲綁架了？為了證明這個猜想，他把一種能產生螢光物質的基因植入弓漿蟲，這樣就能在暗處觀察到弓漿蟲的活動。這個精巧的實驗證實了巴拉甘的猜想，弓漿蟲就像躲藏在特洛伊木馬裡的武士那樣，躲藏在樹突細胞內，不但因此而跑得飛快，而且還躲過了人體免疫系統的監視。

事實上，弓漿蟲本身很弱，根本無法抵抗免疫系統的正面攻擊。牠們一旦遭到攻擊，便會猛鑽進人體細胞的細胞膜內，讓細胞膜把牠們包起來，這樣就躲過了免疫系統的巡邏隊。弓漿蟲可以在這種休眠狀態下存活多年，而不被發現，於是人一旦感染了弓漿蟲，便很難徹底治癒了。

作為合格的寄生蟲，弓漿蟲可不想殺死宿主，因為牠在第二宿主（比如人）身體內，只能進行有限的無性生殖。除非宿主免疫系統太虛弱（比如還在子宮裡的嬰兒），或者受到了某種損害（比如愛滋病），否則弓漿蟲只會在感染初期，引發一次輕微的感冒，之後便不再發作，因此絕大多數人都不會發現自己已然中招了。

弓漿蟲如何影響人類文化的變遷？

可是，這個說法近年來受到了挑戰，科學家發現弓漿蟲能夠改變宿主的性格！這個奇妙的特性首先是在老鼠身上發現的。二〇〇〇年，英國牛津大學的科學家發表研究報告，證實感染了弓漿蟲的老鼠會變得不再膽小，平時不敢去的地方也敢去了，甚至連貓也不怕。今年，美國史丹佛大學的科學家進一步發現，弓漿蟲不但能讓老鼠丟掉膽小的「毛病」，而且還會讓老鼠養成一種新的「毛病」——喜歡聞貓尿味！結果可想而知，這些老鼠更容易被貓吃掉。只要稍微想一想，就能明白弓漿蟲這樣做的目的。養貓的人都知道，貓不喜歡吃死動物。弓漿蟲要想盡快進入貓的體內，完成自己的生命週期，不但不應該殺死老鼠，而且必須盡快讓貓把老鼠抓到。

老鼠和人都屬於哺乳動物，既然弓漿蟲能改變老鼠的行為，為什麼不能改變人的行為呢？這個推理看起來相當合理。事實上，細菌或者病毒感染確實能改變人的行為，科學家們已經在這方面積累了很多例子。比如，慢性感染會讓免疫系統保持長時間的興奮，這會導致血液中的5-羥色胺（Serotonin）含量減少。醫學界早就知道，5-羥色胺含量降低可以直接導致憂鬱症，這就是為什麼長時間患病會讓病人情緒不穩、意志消沉的重要原因。

那麼，既然弓漿蟲能感染三十多億人，豈不是說明這個世界上的大多數人的思想都受到了貓的影響？還真有人做了這方面的研究。今年八月一日，加州大學聖巴巴拉分校的科學家凱文・拉夫提發表了一篇研究報告，聲稱弓漿蟲能影響人類文化的變遷。作者統計了不同民族的弓漿蟲感染率，並和該民族的某些性格特徵進行比較，結果發現弓漿蟲感染率高的民族最容易變得「神經質」。當然了，他的研究還非常原始，還需要更多的資料。不過，確實有很多民族都有類似的說法。不信？你就養隻貓試試看吧。

每人一本「數位生命日記」？

未來，網路上每個人都會有一本數位日記，將一生鉅細靡遺記錄下來。

嬰兒是怎麼學說話的？

「你們把外衣拿過來。」

「你們倆把外衣拿過來。」

這兩句話聽上去區別不大，但是美國芝加哥大學心理學家拉奎爾・克里班諾夫（Raquel Klibanoff）在《發育心理學》雜誌撰文指出，幼稚園老師如果都習慣用第二種方式說話，盡可能地多用數字，那麼他班上的孩子，在數學方面的技能就會提高得更快。

這個結論看似簡單，但證明起來很麻煩。克里班諾夫選擇了一所幼稚園，給二十六名老師配備了麥克風，把他們的講課都錄下來。學期結束後，他測量了孩子們的數學能力，再和錄音做對比，發現了上述規律。

這件事有趣的地方在於，克里班諾夫採用的實驗方法。當過記者的人都知道，整理採訪錄音是一件讓人頭疼的工作。想像一下，把二十六名老師一個學期裡，說的所有的話錄下來，資料量很大。依靠人工方法統計出數位出現的頻率，更是一項耗時費力的苦工。所以，在電腦出現前，類似研究難度極大，幾乎不可能實現。

不過，這個小實驗的難度畢竟還是可以想像的。假如有人想研究一下，嬰兒是怎麼學會說話的，那他最好的辦法就是，分析這個孩子從生下來那天開始，都聽到了什麼，看到了什麼，對這些外部刺激，做出了怎樣的反應等等，並從中找出規律。

想像一下，這個實驗能做嗎？

美國麻省理工學院（ＭＩＴ）的教授德布·羅伊（Deb Roy）認為這是可行的。二〇〇五年四月，羅伊的妻子（也是一名生物學家）為他生了一個兒子。在ＭＩＴ媒體實驗室同事們的幫助下，羅伊在自家的所有房間裡，安裝了十四個麥克風和十一個數位攝影機，每天錄十二到十四個小時，一直堅持到現在。他打算一直錄到二〇〇八年，估計到那時候，三歲的兒子應該能說複雜的語句了。

這可不是光靠毅力就能完成的工作。要知道，羅伊家裡的這套監聽設備，每天產生的資料總量是三五〇G。為了儲存這些資料，MIT媒體實驗室專門為他準備了一台Peta級別的記憶體，一Peta等於一百萬G，也就是說，如果你使用的電腦硬碟是一百G的，你需要一萬台這樣的電腦才能裝下一Peta的資料。

儲存這些資料甚至也不算什麼，你能想像一下，科學家怎麼分析這些資料嗎？三年後，羅伊手裡將有四十萬個小時的錄音錄影，估計就連羅伊自己，都會對兒子的模樣和聲音，煩得要死了。要分析這麼多資料，只有依靠電腦，而且必須設計出非常聰明的程式，找出有用資訊，分析其中的規律，發現嬰兒學習語言的奧祕。

羅伊的最終目的是想建立一個「資訊庫」，包含了兒子經歷的所有感官刺激的全部資訊，然後再編出一個程式，讓電腦運用這個資訊庫，模仿嬰兒的學習過程。

隨時存取生命中的每一天

這個實驗有個名稱，叫做「人類語言組計畫」（Human Speechome Project）。這個「語言組」是一個生造的詞，其定義和「基因組」（Genome）類似，是指人類語言的所有組成部分。科學家的最終目的是想建立人類的「語言庫」，用電腦來研究語言的演化。

這兩個英文單詞有一個共同的尾碼-ome，這三個字母在科學界出現的機率愈來愈高了。有很多領域都借鑒了當初「人類基因組」計畫的思路，也就是說，充分利用電腦的海量儲存，和超級計算能力，把研究對象的所有資訊收集在一起，做成一個「庫」，然後通過分析這個「庫」，得出有用的結論。

既然如此，羅伊為什麼決定在兒子三歲時，就終止這個實驗呢？這主要是因為到那時兒子該整天出去瘋著玩了，他的監控系統沒法跟著走。微軟公司的研發部門試圖解決這個難題，他們實施了一個新計畫，叫做「我的數位生命」（My Life Bits）。目的就是為成年人設計出一套方法，收集與他有關的所有資訊，包括他遇到的所有人，說過的所有話，流覽的所有頁面，甚至包括他沒有意識到的資訊，包括每天的心跳、血壓、空氣中二氧化碳含量、血糖濃度等等這些與健康有關的資料。微軟認為，這些資料很可能會對醫生診斷病情有幫助。

如果這個計畫獲得成功，也許過不了多久，我們每個人都會有這樣一本「數位日記」，不但記錄下每天的感受，而且還會記錄下每天發生在自己身上的所有事情。這樣的一個「部落格」需要多少容量呢？微軟的工程師為我們算了一筆賬：假如你想存下你每天讀到的所有東西，聽到的所有聲音（每天八小時錄音），看到的代表性場景（每天十張照片），而且想一直存上六十年，那麼你只要花六百美元去美國商店裡買一個一千G的硬碟就可以了。

專家估計，二十年之後六百美元可以購買一個二十五萬G的硬碟，到那時，你生命中發生的每一件細小的事情，都可以被儲存起來。如果再配備一台功能強大的電腦，和一個設計精妙的搜索系統，你就隨時可以回憶起，生命中任何一天的所有細節。

也許這才是部落格的未來。

附注：本文描述的「未來」已經發生了，這就是目前炙手可熱的新詞：大數據。

懂數學的週期蟬

美國有一種蟬，十七年才叫一次，像鐘表一樣準確。

週期蟬的週期，為什麼總是質數？

世界上有三千多種蟬，絕大多數都是一年生的，每年繁殖一次。也有不少蟬以二到四年為一個週期。一六六三年，有人描述過一種產自北美的蟬，週期極長。但直到十八世紀初期，美國的昆蟲學家才最終確定了這種蟬的週期——十七年。一百多年後，又有一種週期為十三年的蟬被發現。科學家把這兩種奇怪的蟬統稱為「週期蟬」（Periodical Cicadas）。

這種蟬總是在五月下旬開始破土而出，沿著樹幹爬到高處，發出瘋狂的求偶叫聲。牠們必須抓緊時間找到伴侶，因為大自然留給牠們的交配時間，只有一個星期。之後，雌蟬把卵產在樹幹內便死掉了。經過二到八週的孵化，幼蟲破殼而出，掉到地上，鑽進土壤，依附在大樹的根部，一邊吸食植物汁液，一邊等待時機再次破土而出。

這一等就是十六年（或者十二年）。

其實，十七年蟬早在第八年的時候，就已經完全成熟了，但牠們體內似乎有個鐘表，不斷提醒牠們要耐心等待。直到第十七年的那個夏天，蟬們好像約好了似的，一起衝出地面，完成新的一輪生命週期。

一般情況下，一個地區只生活著一種週期蟬，科學家按照牠們的出土日期和分布範圍，把北美的週期蟬分成了大約十五個按照羅馬字母命名的「窩」（Brood）。比如，二〇〇四年出現在美國東部大部分地區的週期蟬，是第十號窩，這一窩蟬數量最多，分布最廣，是研究得最透徹的窩之一。

科學家首先想弄明白的問題是：這種蟬為什麼選擇在地下生活那麼多年？這樣做肯定會減少繁殖的效率。這個問題現在基本上有了定論。原來，週期蟬最早出現在大約一百八十萬年前，那時北美正處於冰河期，氣候極不穩定，經常會遇到冷夏。成年蟬需要很高的氣溫，假如牠們出土後，正好遇到低溫，就死定了。科學家經計算發現，假如在一五〇〇年的時間裡，每五十年出現一次冷夏，那麼七年蟬的成活率是7％，十一年蟬的成活率是51％，十七年蟬則是96％。顯然，週期愈長，成活率就愈高。

下一個，也是最有趣的問題是：週期蟬的週期，為什麼總是質數？

眾所周知，質數是除了它自己和一以外，無法被任何整數整除的數。有一種理論認為，週期蟬為了避免相互爭奪糧食，便演化出質數週期，減少了相遇的次數。比如十三年蟬和十七年蟬每二二一年（十三乘以十七）才會同時出現一次。

懂數學只是為了避開天敵？

可是，這個理論禁不起推敲。事實上，十三年蟬和十七年蟬，各自有自己的活動區域，兩者很少重疊。一九九八年在密蘇里地區出現過一次第十號窩和另外兩窩十三年蟬，同時出現的奇景，但是這種情況很少發生。另外，蟬的大部分時間都生活在地下，相互爭奪最厲害的食物應該是植物的根，這和牠們的生命週期就沒什麼關係了。

一九七七年，著名古生物學家史蒂芬・傑・古爾德（Stephen Jay Gould）提出了一個新假說，認為週期蟬這樣做，是為了避開自己的天敵。他指出，很多蟬的天敵，也有自己的生命週期，假如週期蟬的生命週期不是質數，那麼就會有很多機會，和天敵的週期重疊。比如十二年蟬就會和週期為二、三、四、六年的天敵重疊，被吃的可能性就要大很多。

二〇〇一年，德國科學家馬里奧・馬科斯（Mario Markus）設計了一個數學模型，間接驗證了這一假說。在這個電腦模型裡，蟬和天敵們的生活週期，一開始都不固定，但是兩者都會隨機地發生變異。如果週期重疊，蟬就被吃掉。經過多年的演化後，蟬的週期無一例外地會停留在一個質數上。

達爾文的支持者肯定喜歡這個理論，因為它把週期蟬的這個「神來之筆」變成了一個演化論框架下的數學模型。另外，這個理論還產生了一個副產品，那就是「質數生成器」。原來，質數是沒有規律可言的，大質數很難找到，需要用電腦一個一個算。現在好了，只要把前提條件變化一下，輸入這個「質數生成器」，就能自動得出一個質數來。

這個故事講到這裡似乎很完美了，其實不然，很多昆蟲學家仍然有疑問。比如，為什麼目前發現的週期只有十三和十七兩種？為什麼大多數蟬的週期，並不是這樣的？這些疑問都很有道理，但研究起來十分困難。美國康乃狄克大學的生物學家克里斯・西蒙（Chris Simon）認為，馬科斯提出的數學模型，之所以還沒有被證實，是因為這個理論直到現在，還沒有辦法被驗證。比如，科學家一直沒有找到週期蟬的天敵，能夠符合這個理論的前提條件。所以，只有先搞清週期蟬控制時間的原理，以及牠們的遺傳方式，才有可能從根本上揭開週期蟬的祕密。已經有科學家利用一九九八年，在密蘇里出現的那次罕見的重疊，讓十三年蟬和十七年蟬交配，看看牠們後代的週期會變成怎樣。

但是，很顯然，這項研究需要很長的時間，必須有足夠耐心才行。

說起來，週期蟬不能算是害蟲，研究牠的週期對人類一點實際價值也沒有。不過，人類的好奇心是無窮的，科學的發展就是這樣，一開始也許只是出於好奇，但沒準就能找到一個突破性的大發現，就像那個「質數生成器」那樣。

如果你對這個問題有興趣的話，趕緊去美國的伊利諾州吧。按照科學家的計算，一種十七年蟬的第十三號窩，馬上就要在那裡出土了！

農作物都是一年生的？

春耕、播種、施肥、除草……這些常見的農業操作方式都將成為歷史。

歐亞人比其他人種聰明？

全世界種植面積排名前十位的農作物依次是：小麥、水稻、玉米、大豆、大麥、高粱、棉花、乾豆、黍類和油菜，它們的種植面積占了人類耕地面積的80％以上。這十種主要的「糧食作物」不但餵飽了人的肚子，而且是人類文明起源的基石。

美國著名科普作家賈德・戴蒙（Jared Diamond）在他那本暢銷書《槍炮、病菌與鋼鐵》（*Guns, Germs and Steel*）中闡明了上述概念。他認為，歐亞文明之所以打敗了美洲、非洲和大洋洲的土著文明，正是因為歐亞人比其他地方的原住民，更早開始了農業生產，大大提高了獲取食物的效率。於是，歐亞人得以解放了大量的人力物力，用來從事非生產性的勞動，比如科學、文藝和軍事。

農業開始於人類對野生植物的馴化。那麼，是否可以說歐亞人比其他人種更聰明，因而更早地掌握了馴化野生植物的技術呢？戴蒙認為不是這樣的。在他看來，歐亞大陸生長著更多容易被馴化的野生植物，歐亞人只不過占了天時地利的優勢。具體說，歐亞地區的大部分農作物，起源於中東的一塊月牙形區域，俗稱「肥沃月彎」（Fertile Crescent）。這塊地方具有典型的地中海氣候特徵，每年都有一個短暫的、適合植物生長的雨季，以及一個漫長的旱季。當地野生植物經過多年的演化，逐步適應了這種氣候條件。它們在雨季時迅速發芽、長大，根莖部分湊合了事，集中能量生產種子，因為它們必須趕在旱季到來之前開花結果，然後死掉。為了讓下一代迅速生長，它們的種子富含營養，因此很適合人類食用。為了能夠在缺水的情況下，長時間存活，其種皮也變得十分堅硬，很適合儲存。事實上，科學家在這片地區發現了很多種類的野生小麥，其形狀已經和現代的小麥非常接近了，馴化起來要容易得多。

原始人馴化野生植物的技術水準並不高，他們只需要從一批種子中，挑出符合自己需要的，把它們種下去，然後重複這一過程就行了。一年生植物繁殖週期短，演化速度肯定比多年生植物要快。

由此可見，現代農作物之所以大都是一年生的，並不是因為一年生植物有什麼獨特優勢，主要原因是，它們比較容易被原始人馴化。事實上，地球上絕大部分地區的野生植物大都是多年生的，比如北美地區，只有不到15%的野生植物是一年生的。

一年生植物有一個致命的缺點：它們的根往往很短，通常只有三十釐米（多年生植物的根系經常可以達到兩公尺以上的深度），吸收不到土壤深層的水分和養料。它們對淺層土壤肥力的汲取，是貪婪而又無法持續的，每年都需要翻耕和施肥。於是，一年生農作物的大面積種植加劇了水土流失，增加了農業成本，加劇了環境污染。聯合國在二〇〇五年發表過一份報告，把農業稱作是「所有的人類活動中，對生態環境和生物多樣性破壞最大的一種」。

多年生的水稻與小麥？

早在幾十年前，就有植物學家開始培育多年生農作物，但效果甚微。決定植物壽命的基因，絕不會是少數幾個，因此不太可能用基因改造的方式，解決這個問題，必須依靠老祖宗留下來的兩個辦法。第一，從多年生野生植物中篩選。這個方法做起來容易，但效果很慢，需要很長的時間。第二，採用雜交的辦法，加快篩選的速度。比如小麥就有一些多年生的近親，可以用來進行雜交試驗，但是這種方法需要耗費大量人力，雜交一代經常不育，需要採用一些高科技的方法來進行篩選。

不過，這一領域最致命的缺點在於缺乏研究經費。私人企業不太會出錢搞這類研究，因為回報率實在是太低了。目前為止只有國立研究所和一些私人基金會，才會資助這類研究。不過，隨著全球氣候變化，所造成的環保意識提升，這方面的研究經費正在成倍數增長。

目前已經有不少多年生植物具備變為農作物的潛力，包括中生小麥草（Intermediate Wheatgrass）、馬克西米蘭向日葵（Maximilian Sun.ower）和伊利諾束花（Illinois Bundle.ower）等。其中最有可能率先取得突破的是中生小麥草。這是一種原產於歐洲的雜草，根系發達，具有天然的抗雜草能力。這種多年生植物每年都會結穗，種子相對較大，但還需進一步篩選，才能具備商業價值。

雲南省農業科學院研究員胡鳳益等人，多年來一直在進行多年生水稻的培育工作，中國在這一領域具有領先世界的水準。

根據樂觀估計，要不了三十年，就會出現一批高產的多年生小麥，並在某些土壞貧瘠的地區全面代替一年生小麥。到那時，人類施行了多年的農業耕作模式，將會產生一次革命性的變化，春耕、播種、施肥、除草……這些常見的農業操作方式都將成為歷史。

道德真的能遺傳嗎？

演化過程中，人類有幾種行為模式，一旦當作「道德」固定下來，有助於人類做出正確選擇，且能加快選擇的速度。

天性強，還是後天教育強？

中國襄樊的幾名貧困大學生因為「不知感恩」，被取消了受助資格。某網站做了一次大規模讀者調查，結果有大約83%的讀者認為應該取消，不少讀者評論說：感恩之心，是人類共有的一種美德，缺乏「美好道德」的人理應受到懲罰。

道德，可以簡單定義為「區分善惡的標準」。善惡的定義在全世界所有的民族中，幾乎都是相同的，感恩、助人為樂和誠實，普遍被認為是善舉，傷人、殺人和欺騙則被認為是惡行。

如今流行「道德教育」，那麼，道德真的來自後天教育嗎？實驗證明並非如此。幾年前，法國認知科學專家伊曼紐・杜普（Emmanuel Dupoux）曾經對不會說話的嬰兒，進行過一項心理學實驗，證明嬰兒在接受教育之前，就已經能對他人的痛苦產生厭惡感，這種能力是人類道德的兩塊基石之一。人類道德的另一塊基石，就是公平意識。關於這方面的研究，甚至已經涉及了靈長類動物。實驗證明，就連卷尾猴也不願接受不公平的交易，而是寧願選擇什麼也得不到。

欺騙可以看做是違背公平意識的不道德行為。但是，撒謊者通常可以從撒謊中獲得利益，所以有人認為，上帝的存在可以讓撒謊者感到心虛，從而避免做出違背道德的事情。但是，心理學家設計了很多精妙的實驗，證明這種說法是不準確的，宗教並沒有扮演「道德監督者」的角色。

說「道德是天生的」，就等於說「道德是可以遺傳的」。道德是如何遺傳下來的呢？貝靈教授認為，自從人類祖先演化出了語言，一個人的名聲便會傳播得非常遠。如果某人非常誠實，善於合作，具有獻身精神，這個「好」名聲便會讓他受到更多人愛戴，因此也就會有更多的人願意幫助他。換句話說，道德感強的人在人類的演化史上，具有先天優勢，好的道德便遺傳下來了。

這個說法看似很合理，但卻缺乏直接證據。道德真的能遺傳嗎？道德存在於人腦中的哪個部位？對應於哪些基因？這些問題必須借助高科技手段，才能回答。

美國哈佛大學心理學系教授約書亞・格林（Joshua Greene），是這類研究的先驅者之一。他設計了一個「列車難題」，以及一個相對應的「天橋難題」，讓受試者思考。同時，他用核磁共振儀測試受試者的大腦，試圖發現，解答這兩個難題時，受試者哪部分大腦最活躍。

殺死同伴，就能挽救五個人性命，你怎麼抉擇？

具體說，「列車難題」是一個偏重理性思考的問題。有一輛火車即將行駛到一個岔口，一邊的鐵軌上躺著五個人，另一邊躺著一個人。請問，你會不會扳道，讓火車改從一個人的那邊通過呢？大多數受試者選擇了「會」，因為這樣，會少死四個人。核磁共振顯示，此時受試者大腦中，負責理性思維的部分最活躍。

「天橋難題」則是一個偏重感性的問題。同樣是一輛火車駛來，你只有把你的同伴從橋上推下去，讓他的胖身體擋住火車，才能挽救鐵軌上躺著的五個人的生命，你會選擇怎麼做？大部分受試者選擇了「不會」，任由火車壓死五個人。受試者做出這個選擇的時候，他們大腦中負責「反應衝突」的「前扣帶皮層」（ACC）相當活躍，顯示出受試者頭腦中的某種情感，正在和理性發生激烈的衝突，並最終戰勝了理智。

格林認為，這種情感就是道德來源。在「天橋難題」中，理性的決定（推下胖子）直接違背了人類的道德天性（不能殺人），因此受試者會選擇非理性的做法，讓道德占了上風。二〇〇七年三月，幾名美國科學家對一批腦部發生病變的人，進行了類似的道德測試，進一步證明了格林教授的假說。這批病人腦部負責感情的額前正中皮層（VMPC）發生了病變，結果他們都喪失了道德判斷能力，在進行「天橋難題」這類測試時，大都傾向於選擇理性的做法。

截至目前，科學家一共在人腦中，找到了九處與道德有關的區域，顯示出道德具有很強的生理學基礎。那麼，為什麼人類要把道德遺傳下來呢？格林認為，人類在演化過程中，有幾種行為模式，非常符合早期原始人的生存需要，它們一旦被作為「道德」固定下來，不但有助於原始人做出正確選擇，而且有助於原始人加快選擇的速度。

經常有人說，如果全世界所有人都遵循道德的約束，世界將變得美好。但格林教授認為，起源於遠古時期的道德基因，在那個時代是有優勢的，但卻不一定適用於今天的環境。

辣椒到底抗癌還是致癌？

中餐五味之一。

辣椒是味覺還是觸覺？

雖然辣椒早在六千年以前，就被南美洲的原住民栽培成了農作物，但世界的其他地方，直到五百多年前，才首次嘗到了它的味道。一四九二年哥倫布發現美洲，回程時，順便把辣椒帶了回去，使之迅速風靡歐洲。葡萄牙人又把辣椒帶到南亞，從此便一路北上，從南方進入中國，並成為中餐「五味」中的一員。

準確地說，身為「五味」之一的辣，並不能算是一種味覺，而更像是一種觸覺。辣椒中含有辣椒素（Capsaicin），它能作用於那些本來用於感覺「熱」的神經末梢，使人產生被燙傷的錯覺。英語裡把「辣」叫做「熱」（Hot），顯然是有道理的。

測量辣椒的辣度有個指標，叫做史高維爾指標（Scoville Scale）。這是美國化學家維爾波・史高維爾（Wilbur Scoville）於一九一二年發明的，他用糖水稀釋辣椒提取物，然後請人品嚐。如果稀釋到一千倍後，終於嚐不到辣味了，那麼該辣椒的「辣度」就是一千。後來又有人發明了測量辣椒素含量的化學方法，但史高維爾指標仍然沿用了下來。

一般人能忍受的辣椒辣度大概在一萬以下，西餐中常見的紅色Tabasco辣椒醬的辣度為兩千五到五千，而防身用辣椒噴霧器的辣度是兩百萬！

雖說不少中國人吃菜嗜辣，川菜在世界上也很有名，但最辣的辣椒卻不產在中國。南美人更喜歡吃辣椒，產自墨西哥薩維納・哈巴內羅（Savina Habanero）的紅椒，曾經保持了十三年的「世界辣椒冠軍」頭銜，它的辣度是五十七・七萬。二〇〇〇年時，有個印度機構測量了一種產自印度東北的辣椒的辣度，得出的數值為八十五・五萬。這種辣椒名叫Naga Jolokia，當地人叫它「鬼椒」。這個消息被美國新墨西哥州立大學的「辣椒學院」知道了，這個學院研究了一百多年辣椒，該院院長保羅・波斯蘭（Paul Bosland）想方設法，搞到了幾粒「鬼椒」的種子，培育了好幾年，終於得到了足夠的辣椒進行化驗，結果令他大吃一驚，其辣度達到了一百萬一千三百零四，幾乎是原冠軍的兩倍。

經過多方驗證，該數值準確無誤。二〇〇七年二月，金氏世界紀錄正式把「最辣辣椒」的頭銜授給了這種「鬼椒」。

培養超級辣椒，是個技術水準很高的工作，需要極大的耐心和毅力。辣椒只有在嚴酷的環境下，才會產生出大量辣椒素，培育人員往往故意不給它澆水，或者用高溫烘烤。做這一切的時候，還必須時刻戴著手套，因為即使吹過辣椒的風，都會把人辣出眼淚。

為什麼要培養超級辣椒呢？除了好玩以外，還有一個用處，就是提取辣椒素。辣椒素雖說可以人工合成，但成本太高。純辣椒素的辣度是一千六百萬，據說比金子還貴。

如果辣椒能治療你的前列腺癌，卻害你得胃癌……

有實驗證明，辣椒素能殺死癌細胞。美國匹茲堡大學的科學家，曾經給移植了人胰腺癌細胞的小鼠餵食辣椒素，結果小鼠體內的腫瘤體積減小了一半。美國加州大學洛杉磯分校的科學家，檢驗了辣椒素對付前列腺癌的能力，結果也令人滿意，有80％人工培養的前列腺癌細胞，都被辣椒素殺死了，而那些得了前列腺癌的小鼠，體內的腫瘤體積縮小到只有原來的五分之一。

火鍋店老闆看到這個消息，一定高興壞了。且慢！上述兩項實驗都是在小鼠身上獲得的，而且針對的只是這兩種癌症。事實上，上世紀九〇年代時，墨西哥大學的科學家曾經對墨西哥人進行過一次隨機對照實驗，證明喜歡吃辣的人，患胃癌的可能性比不吃辣的人要高。美國進行過類似的實驗，也得到了同樣的結果。

但是，又有人爭辯說，素來喜歡吃辣的墨西哥人，患胃癌的比例遠遠低於美國人，這說明辣椒反而是抗癌的。但是，稍微思考一下就可以知道，胃癌的發病率和吸菸、吃醃製食品等個人習慣也有很大關係，因此上述的推理很不嚴密。

辣椒到底治癌還是致癌？目前科學界還沒有一致的答案。不過，辣椒已被證明能殺死神經細胞，而且會造成細胞內染色體的異常，所以過量食用辣椒肯定是不健康的，更不用說辣椒造成的頭疼和舌頭腫脹等不適感覺了。事實上，這正是辣椒植物合成辣椒的主要原因。

原來，只有哺乳動物才會感覺到辣椒的辣，鳥類沒有相應的神經細胞，對辣椒毫無感覺。鳥的腸道短，活動距離長，是傳播種子的好幫手。某些植物便演化出辣椒素，把哺乳動物嚇跑，卻用鮮紅的顏色吸引鳥類來啄食果實，順便傳播種子。

人為什麼會打噴嚏？

人所做的一切動作都是有原因的，打噴嚏也不例外，但絕對不是因為有人在想你。

打噴嚏是因為有助於寄生生物繁殖？

世界上大約有四分之一的人，如果長時間待在暗處，突然進入亮的地方，或者突然抬頭看太陽，會不由自主地打噴嚏。這是一種遺傳病，英文叫做Achoo綜合症。這毛病對於原始人來說是有用的，當他們從潮濕陰暗的洞穴裡走出來時，打個噴嚏，可以迅速清除積攢在呼吸道中的黴菌和各種髒東西，從而更好地呼吸到洞外新鮮的空氣。

當然，大多數人打噴嚏，更可能是因為感冒了。那麼，打噴嚏能把感冒病毒清掃出去嗎？當然是不可能的。事實上，打噴嚏恰恰是感冒病毒讓我們這麼做的。原來，感冒病毒會分泌一種化學小分子，誘使宿主打噴嚏。其中的道理不難理解，因為感冒病毒依靠空氣傳播，為了做到這一點，它必須首先從宿主的體內跑出來。要想達到這個目的，還有比誘使宿主打噴嚏更好的方式嗎？

所以說，打噴嚏是我們在寄生生物的控制下，做出的行為，這麼做對我們自身沒有任何好處，完全是為了幫助寄生生物更好地繁殖。

類似的例子還能舉出很多。比如，被狂犬病毒感染的狗，為什麼會流口水？為什麼會瘋？因為狂犬病毒攻擊狗的吞咽肌群，使之發生麻痺，造成吞咽困難，於是唾液就只能積在嘴中，並流了出來。與此同時，狂犬病毒還會攻擊狗的神經系統，使牠失去理智，亂咬人。這兩種特徵對於狂犬病毒的好處是顯而易見的，因為唾液中含有大量的狂犬病毒，正好可以透過狗的嘴進行傳播。

有一種名叫「肝吸蟲」（Liver Fluke）的寄生蟲更加巧妙。這是一種寄生在羊肝臟內的寄生蟲，牠們產下的卵，混在羊糞裡排出體外後，會暫時處於休眠狀態，直到草原上一種吃羊糞的蝸牛，把牠們吃下去。然後，牠們在蝸牛體內孵化，並被混在黏液中，排出蝸牛體外，螞蟻會將牠們吃掉。進入螞蟻的身體後，肝吸蟲會努力鑽進螞蟻的腦子，用一種至今仍未搞清的辦法，控制了螞蟻的行為。這種螞蟻會一改往日小心謹慎的個性，每天都傻呼呼地爬到草葉的最尖端，並待在那裡一動不動，似乎在等待被羊吃掉。如果一天沒遇到羊，牠們第二天會再來。最後，這隻螞蟻終於被羊吃掉，肝吸蟲就是用這種辦法，進入了下一隻羊的身體。

人類其實被寄生蟲控制？

事實上，絕大多數寄生生物（包括細菌和病毒）都會或多或少地控制宿主的行為，達到繁殖自己的目的。這種控制很多都是非常隱密的，不容易被識破。比如，得了瘧疾的人，會感到忽熱忽冷，渾身無力，躺在床上不能動彈，這對瘧疾有什麼好處呢？原來，瘧疾是依靠蚊子傳播的，病人愈是渾身沒勁，就愈容易成為蚊子攻擊的目標。

再比如，蟯蟲（Pinworm）和霍亂弧菌，都透過人的排泄物來繁殖，但方法不同。蟯蟲通常只在兒童中流行，其雌蟲喜歡在夜間爬出兒童的肛門，並在附近產卵，使患者肛門部位有瘙癢的感覺。如果兒童忍不住用手抓撓，蟯蟲卵便會附著在兒童的手指上，再透過兒童的觸摸，散布到環境中，等待被另一名兒童摸到。霍亂弧菌更喜歡依靠水源進行傳播，於是它會讓患者拉肚子，這樣就更容易進入公共水源，從而感染其他人。也就是說，蟯蟲造成的肛門搔癢，和霍亂弧菌造成的腹瀉，既可算是「病情」，也可算是「病因」。

治療某種傳染病，最好的辦法就是從隔絕傳播途徑入手。人類曾經用這種方法成功地控制了一種危險的寄生蟲，此蟲名叫「麥迪那龍線蟲」（Guinea Worm），能夠在人體內長到一公尺多長。古代人沒有好的治療辦法，只能趁蟲子在皮膚的破口處露頭的一瞬間，用鑷子夾住，纏在一根棍子上，慢慢捲動著往外拉。這一過程往往要持續幾個星期，病人痛苦不堪。有些學者甚至認為，古代醫學的標誌——「醫神的蛇杖」（Rod of Asclepius）畫的並不是一條蛇，而是「麥迪那龍線蟲」。

成熟的雌蟲體內滿載蟲卵，牠會弄破皮膚，讓出口處產生灼燒的痛感，很多人忍不住，便會把傷口浸在冷水中。雌蟲一遇到水，便會立刻噴出大量蟲卵。如果這水恰好是一條小河，或者一個湖，那麼只要其他人飲用了這裡的水，就會被感染。當醫生們終於明白了「麥迪那龍線蟲」繁殖的方法後，便開始廣為宣傳，號召被感染者忍住搔癢，不把傷口浸入水中。於是，「麥迪那龍線蟲」的傳播途徑就被遏制住了。據統計，一九八六年全世界尚有三百五十萬「麥迪那龍線蟲」的受害者，而現在這個數字不足一萬人，而且幾乎全部集中在非洲。

味精對人體有害？

很多人吃完中餐後，會感到口乾舌燥，不過這和味精沒有多大關係。

為什麼湯裡放一點味精就能提鮮？

一九〇八年，一位名叫池田菊苗的日本東京大學化學教授，在喝了妻子做的海帶湯後，突發奇想，試圖找出這個湯如此鮮美的原因。半年後，他從十公斤海帶中，提取出〇．二克谷氨酸鈉，只要在湯裡放一點點這玩意兒，立刻就能增加湯的鮮味。池田菊苗和商人鈴木三郎合作，改進了製造方法，開始批量生產谷氨酸鈉，並為它取了個好聽的名字——味の素。

一九二三年，一位名叫吳蘊初的中國人，發明了生產谷氨酸鈉的水解法。他在上海創立了天廚味精廠，推出了「佛手牌」味精。從此，味精進入了中國人的廚房，並隨著中餐在世界的普及，和中華飲食文化永久連繫在一起。

一九六八年，一位名叫Ho Man Kwok的美籍華人醫生，在《新英格蘭醫學雜誌》上發表了一篇短文，用文學口吻描述自己去中餐館吃飯後，突然出現四肢發麻、悸動、渾身無力等症狀，他猜測說，這可能是由於中餐裡添加了味精（MSG）所致。這篇短文是用讀者來信的形式發表的，並沒有依照嚴格的論文格式。沒想到這個消息一經媒體放大後，在西方民眾中，引起了軒然大波，一個新病——「味精綜合症」就這樣誕生了。

消息傳到日本後，日本最大的味精生產廠——味の素公司馬上宣布，味精本身是沒有問題的，「味精綜合症」的主要原因是，中餐館用的味精量太大了。於是，「味精綜合症」又有了一個新說法——「中餐館綜合症」（Chinese Restaurant Syndrome）。

雖然缺乏證據，「中餐館綜合症」這個名字，仍然在歐美民間流傳甚廣，給當地中餐館造成了很大的衝擊。老闆們不得不紛紛貼出廣告，聲稱自己做菜絕不添加味精。不少食客在去中餐館吃飯時，也會特意提出要求，不讓廚師放味精。

對味精的恐懼，很快就蔓延到整個食品加工業。當時「天然食品」這個概念剛剛出現，味精看上去像是一種工業產品，不符合「天然食品」的要求。於是很多食品包裝袋上，紛紛印上「絕對不含味精」的字樣，希望消費者放心。可是，很快就有營養學家指出，食品中添加的動植物高湯中，主要成分就是谷氨酸鈉，大部分肉類和豆腐製品中也都含有谷氨酸鈉，和味精沒有本質上的區別。

人類為什麼喜歡味精的味道？

「味精和這些天然添加劑本質上是一樣的，都含有谷氨酸鈉。」美國邁阿密大學的生化學家尼魯帕・查奧哈利博士（Nirupa Chaudhari）認為，「這東西就像鹽或糖一樣，都是自然界原來就有的。適量使用，味道很好，但過量了就會有怪味，而且對身體不好。」

查奧哈利博士是研究味精的頂尖專家，也是第一個發現谷氨酸鈉受體的人。正是由於他領導的小組作出的貢獻，人類才得以搞清，味精會有鮮味的原因。其實從演化的角度，人類喜歡谷氨酸鈉是非常容易理解的，因為谷氨酸就是組成蛋白質的二十種氨基酸中的一種，任何被水解或者被酶解的蛋白質，都會釋放出谷氨酸。蛋白質屬於人體必需的營養物質，人類很自然地演化出對蛋白質味道的喜愛。

可是，仍然有不少人堅信，是味精讓他們感到四肢發麻，很像過敏的症狀。這是為什麼呢？為了揭開其中的祕密，世界各國的科研部門，都投入了不少人力物力展開調查，可絕大多數相關實驗，均沒有發現味精有毒的證據。

一九八七年，世界衛生組織和聯合國糧農組織，先後發表調查報告，認為味精在適量的情況下，對人體沒有害處。一九九五年，美國食品與藥品管理局（FDA）也發表報告，得出了同樣的結論。但是，FDA仍然規定，那些添加味精的食品，必須在包裝上註明「含有味精」的字樣，給消費者一個選擇的權利。不過，FDA卻不允許食品包裝上註明「本品不含谷氨酸鈉」的字樣，因為絕大多數食品中，都會含有谷氨酸鈉，即使沒有添加味精也是，這種標籤有誤導的嫌疑。

為什麼FDA如此謹慎呢？因為確實有些研究報告得出結論說，味精可能會對極少數人有一定的影響。這是什麼原因呢？

原來，科學家認為，味精的生產過程中，很可能會混入少量雜質，這些雜質最有可能是「味精綜合症」的罪魁禍首。具體說，目前味精的生產有三種方法：一是細菌發酵法，二是完全合成法，三是半合成半發酵的所謂「醋酸法」。第一種方法生產出來的味精，可能混入少量細菌蛋白質，而細菌蛋白質會誘發人體產生免疫反應；第二種方法需要把終產物中的右旋谷氨酸清除掉。眾所周知，氨基酸是有「手性」的（手性：分子與其鏡像分子，在成分及結構上皆相同，但各原子的空間排列方式並不一樣，如同我們的左手和右手，互相對映，便會各呈手性。）按照基團旋轉方向的不同，氨基酸可以分為左旋氨基酸，和右旋氨基酸兩種。自然界大部分氨基酸都是左旋的，人體也是只能利用左旋氨基酸。右旋氨基酸只能產生於化學反應中，不但對人體沒有用處，而且有可能造成某些不良反應；第三種方法的原材料醋酸，是一種化工原料，其生產過程中，有可能混入了某些對人體有害的不良物質。

值得一提的是，上述幾種方法生產出來的味精，可能混入雜質的量都十分微小，如果消費者購買的是正牌味精，基本上不用擔心。科學家在做實驗的時候，選擇的肯定是正牌味精，這就是絕大多數實驗都證明，適量味精對人體無害的原因。

對於「中餐館綜合症」還有一種可能的解釋：大多數西方人不太習慣中餐的高含鹽量，這就是為什麼，很多人吃完中餐後，會感到口乾舌燥，不過這和味精沒有多大關係。

味精的例子很好地說明了一個道理：不能盲目相信那些關於食品安全的傳言，必須用科學的方法加以分析。

第二集

如果蘋果沒有打中牛頓

如果蘋果沒有打中牛頓，他還能發現地心引力嗎？
精液可以治療女性憂鬱症是真是假？
愛滋病療法靈感來自於薩醫？
蚊子為什麼只叮你，不叮他？

科學研究是努力還是機運？
真的每個科學家都很聰明，還是脫離了研究領域，其實他們也很瞎？

你的生活實驗其實很瞎？

全民科學實驗稍不留神就會變成「偽科學」。

都只吃麥當勞，胖瘦大不同?!

科普的最高境界，不是塞給老百姓愈來愈多的科學知識，而是讓大家都來參與科學研究。不過，這樣的全民科學實驗稍不留神，就會變成「偽科學」，因為很多人並不掌握準確的科學方法。

二〇〇四年美國最著名的一項「民間」科學實驗莫過於「麥當勞實驗」。一個叫斯普爾洛克的傢伙，每天吃三頓麥當勞，連吃了一個月。結果他長了二十五磅肥肉，身心疲憊不堪。他把整個過程拍了下來，剪成一部名叫《麥胖報告》的紀錄片，在世界引起了不小的轟動。

二〇〇五年，這項「麥當勞實驗」又冒出來一個新的民間參與者——索索・維利，她同樣在一個月內只吃麥當勞速食，而且進行了三個月這樣「殘忍」的人體實驗，結果卻讓她從一百七十五磅減到了一百三十九磅！她也把自己進行實驗的過程，拍成了紀錄片，名叫《我和小麥》。不過我敢打賭這部電影的「錢景」肯定比不上《麥胖報告》，因為現在紀錄片最大的觀眾群是自由知識分子，而維利居然把他們痛恨的全球化代表——麥當勞親切地稱為「小麥」，簡直是找死。

好了，讓我們放棄左右之爭，站在中立的科學立場上，來看看這兩個實驗為什麼得出了相反的結論。一個好的科學實驗必須具備三大要素：一個好的假說，一群數量夠大的實驗對象，一個公正的評判標準。上述兩個實驗，哪一條都不具備。斯普爾洛克一心想證明，麥當勞速食是不好的，於是他每天都吃過量的食品，而且故意不鍛練身體，把自己當豬養。而維利則一心想推翻斯普爾洛克的結論，於是她按照麥當勞依法提供的營養成分表來定餐，每頓不超過兩千卡路里（斯普爾洛克的數字是五千卡路里）……所以說，兩者的差別，肯定不是麥當勞造成的，而是別的很多因素在起作用。

真正的科學家是怎麼做實驗的？

讓我們來看看，真正的科學家是怎麼做實驗的。德國慕尼克大學的林德博士二〇〇五年五月發表了一份研究報告，對針灸治療偏頭痛的效果進行了研究。他找來三百零二個志願者，把他們隨機分成三組，一組接受針灸專家的治療，一組什麼治療也沒有，最後一組則接受「偽針灸」治療，即由這些專家在穴位以外的地方用針。林德博士讓這些病人每天用文字記錄自己的偏頭痛症狀，然後對這些日記進行評估。非常值得一提的是，這是一個典型的「雙盲實驗」，也就是說，患者不知道自己被分在哪個組，讀日記的專家也不知道他們讀的是哪組患者的日記。這樣做的原因，是為了避免心理因素對實驗的結果，和評判標準造成偏差。結果，接受針灸治療的患者中有51％的人有顯著效果（偏頭痛天數比正常平均值少兩天以上），而對照組只有15％。有趣的是，接受「偽針灸」的患者組中這個數位是53％，顯示針灸的「真偽」對療效沒有影響。於是，林德做出結論：針灸確實有效，但原因不是什麼「經絡學說」，而可能是患者的心理作用，或者針刺刺激對身體產生了非特定性的作用，比如刺激身體分泌止痛激素等等。

據說這是迄今為止，最大的一項關於針灸的科學實驗，以前的一些小規模實驗，也都沒法證明經絡學說的科學性，但卻都發現針灸確實有效，難怪美國國立衛生研究院（NIH）發表過一份公告，在質疑針灸科學性的同時，也沒有禁止針灸在美國的使用，而且鼓勵科學家進行更大規模的研究。與此相比，一種流傳於美國印第安人中的治感冒特效藥「紫錐花」，卻在最近被證明無效。這是美國最常用的一種治療感冒的草藥，每年的銷售額超過一‧五億美元。安利公司曾經把這種藥進口到了中國，在廣告中羅列了一大堆「療效」，賣得非常貴。二〇〇五年七月份，美國媒體公布了一項迄今為止，最大規模的科學實驗，維吉尼亞醫學院的科學家找來四百名志願者，他們不但被隨機分成了實驗組和對照組，而且也採用了「雙盲實驗法」。為了準確測定感冒的程度，研究人員甚至收集了所有病人的鼻涕！實驗結果發現，「紫錐花」和安慰劑沒有任何區別。

之所以舉了兩個「另類醫療」方面的例子，是因為這是「民間科學家」最喜歡進行實驗的領域。「紫錐花」被印第安人使用了二百多年，針灸則有兩千多年的歷史，中藥的歷史甚至更長。它們全都是民間科學家實驗了多年的產物，但其中的大多數，都沒有得到現代科學的認可，其原因就是因為民間實驗不符合科學的標準。

這並不能說「另類醫療」都無效，只是這類療法要想得到歐美主流科學界的認同，必須按照人家的標準做實驗才行，這是中醫「走向世界」的唯一通道。

幽門螺旋桿菌找不到宿主？

那些對科學持懷疑態度的醫生們終於閉嘴了。

胃潰瘍的元凶到底是什麼？

二〇〇五年的諾貝爾生理學或醫學獎，頒給了澳洲科學家巴里・馬歇爾和羅賓・沃倫，以表彰他們發現了胃潰瘍的真正元凶——幽門螺旋桿菌。這項大獎來得正是時候，因為馬歇爾和沃倫的這項劃時代的發現，多年來一直被「另類醫學」的擁護者們，用來攻擊「故步自封」的主流醫學。

按照那些江湖郎中的說法，當初馬歇爾和沃倫的驚人發現，一直被主流醫學界當做異類，遭到醫學權威們的一致排斥。為了和主流醫學「抗爭」，馬歇爾甚至拿自己做試驗，服用了活的菌株，卻仍然沒有說服「守舊」的主流科學界。以此類推，如今在地下診所活躍著的眾多另類的「赤腳醫生」們也應該得到主流科學界的尊重才對。

那麼，實際情況是怎樣的呢？二〇〇四年底《懷疑的探索者》雜誌刊登了醫學博士金保爾・阿特伍德四世撰寫的文章，詳細說明了這項偉大的發現為什麼會被主流醫學界「耽擱」了幾年的真正原因。

眾所周知，之前醫學界都認為，胃潰瘍是由於不良飲食習慣或者生活壓力，所引起的胃酸過多造成的，醫生給病人開的藥方也大都是抗胃酸藥。一九七九年沃倫在觀察胃黏膜樣本時，發現了一種螺旋桿狀細菌，細心的他繼而發現，這種細菌只在胃潰瘍病人的樣本中才能找到，於是他頭腦中產生了一個新的假說——幽門螺旋桿菌才是胃潰瘍的真正元兇。這一假說第一次在正式醫學雜誌上發表是一九八三年，沃倫和馬歇爾以「讀者來信」的方式，在英國醫學雜誌《柳葉刀》上發表了兩篇短文，世界醫學界這才第一次知道有這麼一回事。

第二年，也就是一九八四年，兩人的第一篇正式論文在《柳葉刀》雜誌發表，不過他們使用的語言十分謹慎：「雖然這項試驗並不能證明胃潰瘍的確切病因，但我們認為該病與這種新發現的病菌有關……」需要指出的是，那時他們對這種細菌的分類，仍然沒有準確的定論，「幽門螺旋桿菌」這個名字，還是論文發表之後，才終於被確定的。

這篇論文的發表確實引發過很多爭議，但反對者並不像「另類醫生」們所說的那樣，是由於他們不相信細菌能在胃酸中存活。因為微生物學家們早就知道，比胃酸更嚴酷的環境裡，都能找到細菌的蹤跡。當時持反對意見的人，最需要的是科學的證據，而國際微生物學界早就公認，要想確定一種疾病是由於某種微生物的感染所引起，必須滿足四項條件：

一、每一例病人體內都可以分離到該病菌。

二、該病菌可以在體外培養數代。

三、培養了數代的細菌，可以使實驗動物引發同樣的疾病。

四、被接種的動物中，可以分離到同樣的病菌。

這就是著名的「科霍氏法則」（Koch's Postulates）。最早總結出這個法則的羅伯特·科霍博士是公認的微生物學鼻祖之一，是他最先發現了炭疽病的原因，也是他最先找到了結核病的致病菌。

拿自己做人體實驗，終於得獎

這項法則直到今天仍然有效。可到了幽門螺旋桿菌這裡，問題來了。馬歇爾和沃倫沒能找到任何一種動物，可以作為幽門螺旋桿菌的宿主，所以大規模試驗一直無法進行。勇敢的馬歇爾決定拿自己做試驗，吞下了一試管培養菌，結果他雖然得了病，但很快又好了。其實，即使他真的得了胃潰瘍，也不能說明問題。一來樣本過少，二來醫生拿自己做試驗，無法保證其公正性。於是，兩位科學家準備招募志願者，進行大規模的臨床試驗。有人參與的臨床試驗，可不是說做就做的，需要立項、申請、獲得經費，而且需要時間。最後，兩人找到了一百名志願者，並於一九八八年底完成了第一次大規模臨床試驗，結果進一步證明了，幽門螺旋桿菌與胃潰瘍之間的聯繫。

值得一提的是，他倆並不是孤軍奮戰。全世界很多科學家都積極參與了這項研究。這一點僅從一項硬指標——論文被引用次數——就可以說明。兩人在《柳葉刀》上發表的第一篇文章，被引用的次數在一九八四年是十六次，到了一九八八年就達到了兩百八十三次，而到一九九三年更是躍至七百六十二次之多。截至一九九二年，全世界至少有三組大規模臨床試驗，證實了該假說。在此基礎上，美國國立衛生研究院（ＮＩＨ）於一九九四年召開了一次大會，基本上同意幽門螺旋桿菌是胃潰瘍的元凶。此時距離兩人在《柳葉刀》雜誌上第一次發表論文的時間，正好過去了十年。

這項具有劃時代意義的假說，又經過了十一年的考驗，這才終於獲得了諾貝爾獎。這一推遲恰恰向世人展示了，什麼是嚴謹的科學態度。作為世界科學界的最高權威，諾貝爾獎的認可，終於讓那些對科學持懷疑態度的江湖醫生們閉嘴了。

如果蘋果沒有打中牛頓

假設牛頓是因為被蘋果打中才發現萬有引力，那牛頓一定是非常聰明的人，因為蘋果和萬有引力之間的距離還是很遠的。

蘋果只會砸中準備好的頭上？

換一種表達方式，我們可以這樣說：蘋果不會砸中沒有準備的大腦。很多科學上的偶然發現，背後都有一個像牛頓這樣，時刻準備著的聰明人。聽說過青黴素是怎麼被發現的吧？當初那一粒青黴菌孢子，確實是很偶然地落在了弗萊明的培養皿上，但如果他對青黴菌株周圍的透明圓圈視而不見，青黴素的發現者就不會是他了。

不過，歷史上確實有那麼幾項發明純屬運氣，或者說運氣占了很大的比例。二〇〇五年的諾貝爾生理學或醫學獎得主，澳洲科學家巴里・馬歇爾和羅賓・沃倫就是一例。他倆證明胃潰瘍的病因，不是心急上火，或者愛吃辣椒，而是一種名叫幽門螺旋桿菌的細菌。其實這種細菌很早就被人發現了，但一直沒能在人工培養皿中培養成功。一九八二年四月的某一天，沃倫把一塊從胃潰瘍病人體內切除出來的病變組織，放在培養皿中培養。因為那天之後正好是復活節，依照慣例休假四天，沃倫把培養皿放在培養箱裡，就回家過節了。這多出來的幾天假期，讓培養皿意外地在培養箱裡多待了幾天（而不是慣例的兩天）。結果細菌長出來了！因為這一偶然的成功，沃倫終於得出了胃潰瘍病因的新假說，並最終證明自己是對的。

比普通人還可笑的科學家

他倆的這項發現意義絕對很重大，但技術水準其實並不那麼高。歷史證明，以這種方式成名的科學家，往往沉不住氣，過高地估計了自己的才華。比如馬歇爾和沃倫，為了顯示自己當初是如何頂住壓力堅持真理，他倆縱容媒體對醫學界反對意見的誇大。其實主流醫學界對這項發現的質疑完全是客觀、有據可查的，不存在故步自封這一說。

當然了，這種做法可以說無傷大雅，尤其和另一位諾貝爾獎獲得者加里·穆里斯（Kary Mullis）比起來更是小巫見大巫。穆里斯發明了「多聚酶鏈式反應」，又叫ＰＣＲ。簡單地說，ＰＣＲ使得科學家能夠不借助微生物，在試管裡將一段ＤＮＡ分子通過三十到五十輪的複製，準確地擴增上百萬倍。這項發明有多重要呢？舉一個例子，筆者曾經在一家只有三十多人的生物技術公司，工作過一段時間，我們公司有八台ＰＣＲ自動儀器，每台同時可以做二十四個樣本。可如果想要用一次，必須提前一週預約！因為排隊等著用的人，實在是太多了。如果沒有這一技術，大家知道的親子鑒定、ＤＮＡ法醫學、遺傳病預測、古生物複製技術等新興學科就不會存在，而現今絕大多數生物實驗室的工作效率，也將倒退百倍。這麼重要的技術，發明過程一定有很高的技術水準吧？否。這項技術的原理早在七〇年代末期，就有人提出來過，但一直有一個困難無法克服。因為每一輪複製，都必須經過一步高溫過程，而ＤＮＡ聚合酶在高溫下會失活，因此必須在每一輪複製結束後，再添加一些酶進去。這樣做極大地增加了成本，使得ＰＣＲ失去了實用價值。穆里斯恰好在那段時間裡，看到了另一篇不起眼的論文，有人在美國黃石公園的溫泉裡，發現了一種耐高溫的細菌。於是穆里斯設想，這種細菌的ＤＮＡ聚合酶，或許可以耐受高溫。結果證明這個想法是正確的，一種名叫Taq的耐高溫聚合酶被提取了出來，ＰＣＲ的成本因此得以降低至現在的幾美元一次。

因為這個「小發明」，穆里斯獲得了一九九三年諾貝爾化學獎。得獎後穆里斯辭掉了工作，靠獎金開始滿世界遊山玩水。他酷愛衝浪，在加州聖地牙哥海邊買了幢小房子，天天玩水。玩完水就玩女人，他家冰箱門上貼滿了和他發生過性關係的女人照片，而這些女孩子都是看中了他頭上的那頂「諾貝爾花環」才以身相許的。

再後來，穆里斯玩膩了，又回到科技界。不過，他顯然高估了自己的才能，開始在很多領域四處出擊，利用自己的諾貝爾獎頭銜發表不負責任的評論。比如，他不承認全球變暖是人類活動造成的，也不承認鹵代烷（一類化學組織的總稱，包括甲烷）是造成臭氧層消失的原因。他甚至質疑ＨＩＶ是造成愛滋病的病因，在科學界傳為笑柄。

由此可見，科學家並不是萬能的，尤其是那些運氣好的人。他們最容易把自己想像成萬能的神，其實，他們一旦離開了自己熟悉的領域，往往比普通人還要可笑。

新的腦細胞在哪出生？

成年人的腦細胞也是在不斷更新的。

腦子的結構是否仍不斷地發生變化？

「你沒長腦子啊！」

如果有人這麼對你說話，你肯定會知道他是在罵你笨，除非你真的沒長腦子。科學家發現，這句貌似粗俗的話背後，還真的有些道理，智慧還真是長出來的。

幾年前科學家可不是這麼想的。稍微古早一點的教科書上都這麼說：成年人的腦細胞數量是一定的，不會增加了。為了解釋有限的腦細胞，為什麼能想出那麼多稀奇古怪的念頭來，科學家又想出了另一個理由：人腦一生中，只會用到很少的一部分，所以潛力是無窮的。現在，後一條理由已經漸漸被否定了。而前一條定律也終於在幾年前被推翻。原來，成年人的腦細胞也是會不斷更新的。

科學家早就知道，成年的低等動物會產生新的腦細胞，比如一種鳥就會生出新的腦細胞，用來學習新的鳥語（鳴叫）。但是高等動物的腦細胞，卻一直被認為不能更新。科學家為此找到了一個看似合理的解釋：腦細胞必須穩定，否則怎麼可能維持長期記憶呢？換句話說，假如腦細胞還在不斷更新，那麼某人也許過幾年就會變成一個新人了，這怎麼可以？可是，一個名叫伊莉莎白・古爾德的女科學家卻不這麼想。她反問道：既然人每天都會產生出新的記憶，那麼腦子的結構肯定會不斷地發生變化。

這個古爾德在洛克菲勒大學做博士後研究的時候，主攻方向是激素對小鼠腦細胞的影響，可她卻在實驗中意外地發現，當小鼠大腦海馬區的腦細胞，被異常的激素殺死後，會生出新的腦細胞填補空白。當這個發現於一九九二年被寫成論文發表後，只有很少的人相信，這是一種正常的生理現象。後來古爾德又發現，小鼠在受到壓力的情況下，腦細胞數量會減少，並由此引發海馬區生產更多的新鮮腦細胞。這個發現具有更加重要的意義，因為這是一種常見的生理反應，古爾德暗示，這種機制有可能是大腦修復損傷的一種正常的辦法。

在實驗過程中，古爾德還發現，實驗室狀態下飼養的實驗動物，因為缺乏刺激，腦細胞更新的速度變得十分緩慢。這大概就是許多實驗室無法檢測出腦細胞繁殖的原因。為此她改變了飼養實驗動物的方式，把一群猴子關在更大的空間內，每天都給予牠們新鮮的刺激，比如隱藏放食物的位置等等。對比發現，這樣條件下養出來的猴子腦細胞更新速度，明顯比關在籠子裡的同類要快。看來要想讓孩子聰明，必須放養啊！

為將來修補受損大腦提供了一種可能性？

新鮮的腦細胞可不是哪裡都能生產的，這個過程只發生在腦室（腦脊液的儲存地）和海馬區，從這裡生成的新鮮的神經細胞，大部分轉移到了嗅球，也就是負責感知嗅覺的一對球狀神經組織中。二〇〇六年一月份的《科學》雜誌上，刊登了日本慶應大學神經生物學家澤本和延（Kazunobu Sawamoto）撰寫的一篇研究報告，他的研究小組搞清了新的神經細胞是如何轉移到嗅球中的。原來，一種名為纖毛的微小細胞結構，和諧地擺動，造成了腦脊液定向流動，新神經細胞就是被腦脊液帶著流向了指定地點。研究人員培育出一種遺傳突變小鼠，腦子中的纖毛數量大為減少。結果這種小鼠腦子中的新神經細胞，便失去了遷移的方向，到處亂竄，只有9％到達了嗅球，正常小鼠這個數字是65％。

研究新鮮神經細胞的生成和遷徙，是很有意義的一件事，因為這項研究為將來修補受損大腦提供了一種可能性。比如，憂鬱症患者患病的一大原因，就是腦細胞更新速度減慢，而目前市場上的抗憂鬱症藥物（比如Prozac，百憂解）大都能夠提高大腦生產新鮮腦細胞的能力。有意思的是，這類抗憂鬱症藥物發揮作用的時間，都在一個月以上，而神經細胞再生所需時間，也是一個月，因此科學家懷疑，這類藥物的作用機制就是促進腦細胞再生。

另一種神經性疾病——癲癇則正好相反，患者大腦可以產生新鮮的腦細胞，但它們都去錯了地方。假如能夠找到一種辦法，把這些細胞重新發配到該去的地方，就有可能治癒癲癇病。澤本和延的實驗顯示，只要找到一種辦法控制纖毛的擺動方向，就能做到這一點。

不過，這項研究最重要的目的，就是研究人類的思維機制。為什麼新的腦細胞大量產生於海馬區？這不是偶然的，因為海馬區是人類高級思維活動的主要地點，人類學習新知識的過程，就發生在這個區域內。如果能夠搞清楚，新腦細胞是如何參與到這一過程中的，科學家就有可能最終搞清楚學習的機制。這項研究的意義就不用強調了吧？凡是長腦子的人都會感興趣的。

衰老是基因，還是磨損？

有辦法延長壽命嗎？有，那就是節食。

如果真的找到衰老基因，人類就能永遠年輕？

物理學家是按照公式來工作的，化學家是按照方程式來工作的，兩者都有章可循，有法可依。事情到了生物學這裡，就有些麻煩了，以前人們對生物學了解不深，覺得到處都是規律，處處暗藏玄機，於是有人說，生物規律是上帝制定的。後來演化論出現了，生物學家終於鬆了口氣，因為無數事實證明，演化論是生物學的終極規律，任何一項新發現，如果不能用演化論解釋清楚，它很可能就是不準確的。

就拿衰老這件事來說吧，這是所有有性生殖物種的共有特徵。以前有些生物學家認為，衰老是一種有目的的行為，為的是讓出有限的資源，讓後代活得更好。這個理論初看十分合理，假如真有個上帝，祂肯定也會這麼安排芸芸眾生的。但這個理論是違反演化論的。偉大的科普作家理查・道金斯在他那本出色的《自私的基因》中，對演化論做了一個有趣而又精闢的解釋，在他看來，基因都是自私的，基因控制下的生物行為，都是為了基因自身的繁衍。即使有個別時候，生物個體表現出利他行為，那也是為了保護那些與自己擁有共同基因的親戚，最終目的還是為了基因。

所以說，衰老雖然對整體有利，但對個體的繁衍毫無用處，不具有演化上的意義。可是，這個解釋為長壽研究添了很多麻煩。以前人們認為存在一個衰老基因，一過繁殖期就啟動，指揮生物體一步步走向死亡。假如真是這樣，只要找到這個基因，關掉它，問題就解決了。可是現在生物學家普遍相信，不存在這樣的基因，衰老確實只是一種正常的磨損過程。

既然是這樣，那還有辦法延長壽命嗎？有，就是節食。這可不是簡單的不吃飯，而是有計畫地減少30％到40％的卡路里攝入量，但不減少其他必需營養的吸收。事實上，早在七十多年前，就有科學家為此展開了正規的科學研究，直到現在，節食仍然是科學界公認的唯一有效的延壽方法。

效果是有了，但卻不一定可行。畢竟美食是人生的一大享受，大多數人也不會為了多活幾年而老是餓肚子。於是便有科學家試圖尋找節食延壽的機制，以便找到替代辦法。過去人們想當然地認為，節食能夠降低動物的新陳代謝速度，因此減少代謝產生的廢物，比如自由基什麼的。但是最新研究顯示，這種說法並不正確。處於節食狀態的實驗動物，新陳代謝速度並沒有下降，反而升高了。科學家相信，這是一種正常的壓力反應，處於這種狀態下的動物的細胞防衛能力，和損傷修復能力，都會顯著提高，這樣可以幫助動物渡過難關，壽命也相對延長。

哈佛大學科學家倫尼・圭倫特（Lenny Guarente）主持過一個實驗，為長壽和節食之間的關係，找到了一條基因紐帶。他篩選出一株長壽酵母菌，發現該菌株的一個編碼為SIR2的蛋白質的基因，產生了突變，而人工導入更多的SIR2基因，也會讓酵母菌更加長壽。有趣的是，如果人為減少酵母菌的營養，誘發細胞進入應激狀態（從而變得長壽），也會導致SIR2蛋白質水準的提高。進一步的研究顯示，SIR2蛋白質必須要有一種名叫NAD的化學物質的參與，才會發揮作用，而這個NAD，正是所有生物體新陳代謝的必經之路，處於食品短缺狀態下的細胞，其NAD水準將會上升，從而幫助SIR2行使其功能。從此，SIR2基因和節食（長壽）之間的關聯被建立了。

喝紅酒真的抗衰老？

圭倫特的研究，引發了國際上對SIR2的興趣，許多實驗室開始在其他物種身上，尋找SIR2基因。結果令人振奮，原來這是一個非常保守的基因，不但所有被研究的物種基因組內都有它，而且人工增加或者降低它的活性，都會改變該物種的壽命。其中比較有趣的一項發現，就是白藜蘆醇（Resveratrol）——一種在紅葡萄酒中含量極高的化學物質，能夠提高SIR2蛋白質的活性，而很多長壽老人的祕訣都和紅酒有關。

這些研究證實了圭倫特早年的一個猜想：生物體對各種惡劣環境的壓力反應，從本質上講是一樣的，應該有一個基因總管來負責，這麼做從演化的角度看，是很有利的。在他看來，這個SIR2就是這樣的一個基因總管。因為壓力反應還會延長壽命，因此也可以把它叫做長壽總管家。

SIR2基因在哺乳動物體內被叫做SIRT1，對於這個基因的研究，是目前國際上的熱潮，產生了很多極有價值的結果。但是，這個基因在哺乳動物體內的作用十分複雜，目前還沒有完全搞清。等到那一天到來的時候，人類健康地活過一百歲的夢想，就極有可能實現了。

你可以欺騙大腦嗎？

身體發炎生病時，人的大腦便會降低效率，專注擊退疾病。

能不能吃藥就馬上消除疲勞？

以前有個宣傳計畫生育的相聲，說某毛姓人家生孩子太多，連父母都分不清誰是誰，就把他們編了號，叫大毛、二毛、三毛、四毛……由此可見，一件東西如果還處在用數字來命名的階段，那就說明主人對它還不夠了解。

人體內有一群細胞因數，叫做「白細胞介素」（Interleukin，簡寫成IL），其作用相當於細胞間的郵差。它們在血液中到處游動，遇到合適的標的細胞，就結合到其表面的受體上去，啟動標的細胞加速（或減緩）某個生理反應。可是每個標的細胞受體都可以被多種細胞因數所控制，而每一種細胞因數也可以結合多種受體，於是天下大亂，任何一種細胞因數似乎都具有很多種不同的功能。這樣一來，科學家只好按照編號，來給它們命名。自一九七九年發現了第一種「白細胞介素」以來，至今已編到了IL-33，而且這個數字還在持續增長之中。

之所以叫「白細胞介素」，是因為最初發現的細胞因數，都是由免疫細胞（白細胞）所分泌的，它們的作用也局限於調節免疫系統，對抗外敵入侵的功能。但是有愈來愈多的實驗顯示，情況並不是那麼簡單，比如最近科學家發現，肌肉組織也可以分泌IL-6，其分泌量和肌肉的疲勞程度成正比。原來，肌肉收縮過量，會導致肌纖維發生輕微損傷，由此引發炎症反應，炎症反應可以說是人體免疫系統的一種警報信號，它告訴其他免疫細胞立即投入戰鬥。

那麼，肌肉組織分泌這麼多IL-6幹嘛用呢？原來，IL-6還可以作用於腦細胞，使人產生疲勞的感覺。兩年前南非開普敦大學的科學家寶拉·羅布森－安斯利做過一個有名的實驗，她找來七個職業運動員，在他們體內注射IL-6或者安慰劑（當然他們本人不知道注射的是哪一種），然後讓他們跑二十公里。一週後，注射過IL-6的運動員，於再注射安慰劑（反之亦然）的情況下跑一次，比較兩者的時間。結果她發現注射IL-6的運動員的平均成績，要比注射安慰劑的慢一分鐘之多，而且運動員都抱怨說IL-6讓他們感覺更加疲勞。

看到這裡，傻瓜都知道應該怎麼做了吧？可實際情況並不是那麼簡單。生物演化不會那麼傻，一個人之所以會產生疲勞的感覺，肯定是有原因的。如果貿然服用IL-6阻斷劑，欺騙大腦，就很可能會造成肌肉的永久性損傷，得不償失。不過，這項實驗卻引發了科學家對IL-6的興趣，一些人開始研究IL-6與大腦之間的相互作用，結果他們發現了一個更加令人驚訝的現象。在二〇〇六年三月初召開的「美國身心健康協會」第六十四屆年會上，來自美國匹茲堡大學的安娜・馬斯蘭教授，提交了一份研究報告，證明IL-6可以降低人的記憶力。她找來五百名身體健康的志願者，測量了他們體內IL-6的水準，然後給他們每人發了一份同樣的試題，考察他們的記憶力和認知能力。比如，受試者被要求聽一段講故事的錄音，然後讓他們盡可能多地，在紙上寫下他們記住的故事情節。結果這五百人的得分，和IL-6的水準成反比，也就是說，血液中的IL-6含量愈高，人的記憶力就愈差。

騙得了大腦卻騙不了身體

這項實驗的理論依據其實很簡單，完全符合生物演化的邏輯。一般情況下，人體內IL-6水準的上升，都是因為產生了炎症反應，或者簡單地說，是因為人感染了病菌或者病毒。比如感冒發燒的時候，人體內的IL-6水準一定會比平時高。人在這個時候，最需要的肯定是趕緊戰勝疾病，而不是背單詞，或者思考什麼哲學問題，所以人的大腦便會降低效率，以便節省能量和精力，戰勝疾病。

好了，看到這裡，傻瓜都知道應該怎麼做了吧？事實上，真的已經有人開始在棋類比賽中，使用類似的大腦興奮劑了。於是，兩年前國際象棋聯合會開始採用國際體壇的反興奮劑標準，如今的世界級國際象棋比賽，也開始做尿檢了。畢竟這類藥物許多都還處於編號的階段，科學家並不完全知道長期使用它們會引發何種副作用。

大腦演化到如今這個樣子肯定有其原因，欺騙大腦是要付出代價的。

不過，馬斯蘭教授在報告的最後補充說，人類其實是有辦法合理地控制IL-6水準的。正常情況下，人過了五十歲，其體內IL-6水準就會有顯著提高，因為這時人身體內的慢性疾病愈來愈多了，尤其是心血管系統的毛病（比如血管阻塞），很容易造成IL-6水準的上升。如果人能夠保持健康的生活習慣，避免過度疲勞和緊張，就能合理地減少IL-6的含量，理直氣壯地提高記憶力。

史上第一種免疫仲介

如果沒有先天性免疫這道防禦體系，多細胞生物是不可能存在的。

人體的第一道防線與第二道防線

有人說，科學發展離不開前瞻性的理論指導。還有人說，科學發展只是一大堆偶然事件的奇妙組合。在今天要講的這個故事裡，兩者都有。

提起免疫學，大多數人都會立刻想到疫苗，因為這是現代醫學最偉大的發現之一。疫苗屬於「後天性免疫」範疇，它引發了人體內的免疫細胞分泌抗體（免疫球蛋白），對入侵之敵實施攻擊。「後天性免疫」強度大，目的性強，但是需要幾天時間才能準備好，屬於人體的第二道防線。第一道防線名叫「先天性免疫」，以前的教科書上說，這主要是指皮膚、胃酸和唾液等廣範圍防禦系統。其實血液中的巨噬細胞也屬於第一道防線，但它們似乎只會不加區別地吞噬一切外來病原體，而且戰鬥力不強，因此科學家一直對它們興趣不大。

一九八九年，耶魯大學教授查理斯·詹尼維（Charles Janeway）提出了一個大膽的設想。他認為，後天性免疫防禦體系的建立需要時間，如果遇到毒性強的病原體，病人的免疫系統就來不及做出反應了。生物演化必然會選擇出一類生物，能夠在第一時間，對外來入侵者做出準確而又強烈的反應。要做到這一點，免疫細胞必須能夠迅速地識別敵我，這就要求免疫細胞的表面，必須時刻備有現成的識別裝置用來應付入侵。但是，關注禽流感的讀者一定早已知道，禽流感病毒最危險的特徵，就是能夠不斷地變異，而免疫系統不可能有幾百萬種識別裝置，隨時處於戒備狀態（一種識別裝置只能識別一種敵人）。幸好天無絕人之路，細菌和病毒表面，都存在一些相對保守的特徵，比如酵母細胞壁上的甘露糖，以及所有格蘭氏陰性細菌表面的脂多糖（LPS）等等。這些化學物質都是細菌和病毒所必須有的，因此相對保守，也就是說，它們的結構多年來一直沒有變化。詹尼維預言，免疫細胞一定有一類裝置（也就是細胞表面蛋白質），專門用來識別病原體表面的這些保守的特徵。可是，科學家卻一直沒能發現這樣的識別裝置。

幾乎與此同時，一群研究細胞因數（見前文）的科學家，卻有了一個意外發現。原來，科學家早就知道，LPS等細菌特有的表面抗原，可以引發巨噬細胞分泌一種細胞因數，刺激免疫系統進入戰爭狀態。實驗顯示，一種橫跨細胞膜的蛋白質與此有關，但是，它的膜內部分的氨基酸順序，和任何已知的哺乳動物的蛋白質都不同。研究陷入了困境。

一九九一年，劍橋大學的一位與此毫不相干的科學家，終於在一個偶然情況下，發現了這種跨膜蛋白質的近親：果蠅體內的一種名叫Toll的蛋白質。Toll這個詞在德文裡是「奇怪」的意思，因為這個蛋白質負責指導果蠅的發育，Toll基因變異了的果蠅胚胎分不清頭尾，最後都長成了畸形兒。可是，發育和免疫分屬不同的領域，怎麼可能共用一種蛋白質呢？研究再一次陷入困境。

改寫免疫學教科書的金鑰匙

答案在五年之後才終於浮出水面。原來，這個Toll蛋白質還可以幫助果蠅，抵抗真菌感染，屬於「一蛋兩用」。進一步的研究發現，果蠅的免疫系統只有第一道防線，它們是不會像高等動物那樣，生產特異性抗體的。事實上，大多數低等生物的免疫系統，都和果蠅一樣，先天性免疫是多細胞生物最早演化出來的一種防禦體系。換句話說，如果沒有演化出這道防禦體系，多細胞生物是不可能存在的。

從此以後，Toll終於和免疫掛上了鉤，「萬事具備，只欠東風了。」一九九八年，幾個美國科學家終於用一個精巧的實驗，弄清了哺乳動物體內，那個與Toll類似的跨膜蛋白質的作用，它在細胞膜外的部分可以專一性地結合細菌，或者病毒表面的保守的小分子（比如LPS），之後，它在細胞膜內的部分，就會發出信號，啟動免疫細胞，迅速做出適當反應。對這項發現最感興趣的，莫過於詹尼維教授，他終於找到了一把解釋自己理論的金鑰匙。在他和其他幾個實驗室的共同努力下，目前已經找出了十一種類似的跨膜蛋白質，取名叫做「Toll樣受體」（TLR）。前文中提到的那個TLR，編號是TLR4，負責識別細菌表面的LPS；TLR3負責識別病毒特有的雙鏈RNA；TLR5負責識別細菌特有的鞭毛蛋白等等，都是一些很難變異的特質。由此可見，早期的多細胞動物相當聰明，TLR的出現，從演化的角度來看是非常合理的。

這項發現改寫了免疫學教科書，並把免疫學研究的主攻方向從「後天性免疫」（比如疫苗）轉移到「先天性免疫」上來。研究顯示，TLR不僅參與了對外來病原體的第一波攻擊，而且還是召集第二道防線參加戰鬥的指揮官，很多種免疫反應都與TLR有關。這項免疫學上的新發現，很快就吸引了眾多製藥公司的關注，預計幾年後將有一大批基於ＴＬＲ的藥物問世。

作為生物演化史上出現的第一種免疫仲介，ＴＬＲ系列蛋白質很可能是一把攻克疑難雜症的金鑰匙。

蚊子為什麼只叮你，不叮他？

要想開發出特異的驅蚊劑，必須搞清是哪種味道吸引了蚊子。

都是瘧原蟲玩的把戲？

關於蚊子為什麼只叮你不叮他的問題，每個人都有自己的一套理論，每種理論都會有一批支持者，以親身經歷作為證據。但是科學家相信：蚊子最喜歡的，就是人血的味道。

這個結論可不是憑經驗做出的，而是來自嚴格的科學實驗。二〇〇五年倫敦帝國理工學院的生物學家雅各・凱拉（Jacob Koella），所做的一項實驗，就是一個很好的例子。凱拉的本意是想弄清楚，瘧疾為什麼會擴散得如此迅速，因為瘧疾必須依靠蚊子來傳播，因此他決定從蚊子的叮咬習慣入手。他和同事們在肯亞搭了三頂帳篷，互相之間以塑膠管相連，管子和帳篷之間可以通氣，但蚊子無法通過。然後他們找來一群兒童，按照體內攜帶瘧原蟲的情況分成三組，第一組不帶瘧原蟲，第二組帶沒有傳播能力的瘧原蟲，第三組帶有傳播能力的瘧原蟲。然後他們把群蚊子，放到三根管子的中間，讓牠們自由選擇飛向哪裡。實驗結果出人意料，選擇飛向第三組兒童的蚊子數量，是其他兩組的兩倍以上。

之後，凱拉給帶有瘧原蟲的孩子吃藥，殺死他們體內的瘧原蟲，然後再讓他們進帳篷，讓蚊子挑選，結果蚊子對這些健康的兒童沒有偏愛。這個實驗清楚地顯示，蚊子對人體散發的氣味非常敏感，而瘧原蟲讓人體產生了一種特殊氣味，對蚊子特別有吸引力。這樣做顯然對瘧原蟲的傳播大有好處，從生物演化的角度來看，對瘧原蟲十分有利。

這項實驗結果對開發新型防蚊子藥水很有幫助。目前市面上最常見，也是被證明最有效的驅蚊劑，是一種名叫DEET的化學物質。但是DEET使用過量可能有毒，而且已經發現幾種蚊子對DEET產生了抗藥性。要想開發出特異性強的驅蚊劑，必須搞清到底是哪種味道吸引了蚊子。這可不是一項簡單的工作，因為人體表面會釋放出三百五十多種具有揮發性的化學物質，而蚊子的觸角上有很多微小的纖毛，上面分布著許多不同的味覺受體，科學家把它們叫做「氣味分子識別蛋白」（OBP）。為了弄清蚊子嗅覺的祕密，科學家決定從蚊子的基因組入手。由巴黎巴斯德學院負責牽頭的「國際蚊子基因組計畫」已經測定了瘧蚊（Anopheles Gambiea）的全部DNA序列，這種蚊子在非洲特別多，是傳播瘧疾的罪魁禍首。有了這個DNA資料庫，科學家就可以很方便地研究這些OBP了。分析結果顯示，蚊子和其他昆蟲的嗅覺功能的相似程度很高，有一種同源蛋白質參與了所有昆蟲OBP的正常功能，這種同源蛋白質在蚊子中叫做GPRor7，在果蠅中則稱為Or83b。來自美國洛克菲勒大學的科學家成功地把蚊子的基因GPRor7轉移到去掉了Or83b的果蠅體內，結果使後者恢復了嗅覺功能。

雌蚊子偏就喜歡人血氣味

但是這種蛋白質在昆蟲嗅覺機制中，只是發揮協助功能，而且也沒有特異性。而自然界中每一種昆蟲都有自己喜歡的氣味，比如蒼蠅喜歡糞便，蝴蝶喜歡花香，雌蚊子只對人血感興趣……驅蚊劑的設計者必須對症下藥，才能避免濫殺無辜。美國範德比爾特大學的拉理・茲維伯（Larry Zwiebel）決定在雌蚊子的基因組中，尋找特定的味覺受體基因，但是蚊子很難飼養，研究起來非常困難，於是他嘗試把蚊子OBD基因，轉移到果蠅體內，利用這種科學家已經非常熟悉的活體實驗模型，來間接地研究蚊子的嗅覺基因。經過多次實驗，他們發現了一種蚊子OBD，只對4-甲基苯酚有反應，這種化學物質是三百五十多種「人味」中的一種。有趣的是，只有雌蚊子體內才會生產這種OBD。更絕的是，如果雌蚊子喝飽了人血，這種OBD就不再生產了。這兩個有趣現象不大可能是巧合，科學家因此相信，4-甲基苯酚是蚊子用來發現人血的嗅覺信號之一。

進一步的研究顯示，蚊子並不僅僅靠一種OBD來發現人類，雌蚊子觸角上，有好幾類不同的纖毛，專門用來聞味道，每種纖毛上都有很多OBD，分別對應不同的氣味。對於驅蚊劑的生產來說，這反倒是一件好事，因為假如只針對4-甲基苯酚這一種物質，來設計驅蚊劑的話，那麼蚊子很容易產生變異，驅蚊劑就必須經常更新才行。解決這個問題的辦法，就是生產出針對多個OBD的驅蚊劑，因為同時發生好幾個變異的機率是很小的。目前茲維伯正在和同事們繼續研究，試圖發現更多的OBD基因。假如能找到四到五個這樣的基因，然後根據它們的特點，生產出多合一的驅蚊劑，那麼人類就可能徹底消滅諸如瘧疾、登革熱和西尼羅病等與蚊子有關的傳染病。

不務正業的RNA

人類在某些時候，會突然表現出遠祖的某些特徵，即使找不到與此有關的基因。

困惑科學家五十年的遺傳現象

現代遺傳學的鼻祖是孟德爾，這個奧地利修道院的園丁，研究了幾十萬株豌豆，終於找出了「孟德爾遺傳定律」。其實很多人都知道這個定律，只是自己沒意識到而已。舉個例子，大家都知道血型分A、B、AB和O這四種。簡單地說，決定血型的基因有三個，分別是A、B和O。其中A和B是顯性的，有它們哥兒倆在，O基因就沒有發言權了。換句話說，如果A和O碰一塊兒，這個人的血型一定是A。

每個人體內都有兩個血型基因，分別來自父母。假定某人的父母都是A型，那麼他仍然有可能是O型血，前提是他父母的基因都是AO。在這種情況下，A和O

是各自獨立地遺傳下去的。按照數學計算，此人具有O型血的機率是四分之一，實際情況也是如此，所以我們說人的血型遺傳符合孟德爾定律。

有人說，規矩的建立就是為了被打破的，孟德爾定律也不例外。二〇〇六年五月二十五日出版的《自然》雜誌，就刊登了一篇論文，挑戰了孟德爾遺傳定律。論文的第一作者是法國尼斯大學的科學家米努・拉索紮德根（Minoo Rassoulzadegan），他和同事們試圖搞清褐鼠尾巴白斑的遺傳機制。正常褐鼠尾巴上沒有白斑，但假如一個名叫Kit的基因發生突變，則該褐鼠的尾巴上，就會長出白色斑塊。這個突變是致命的，也就是說，攜帶兩個相同的Kit突變基因的褐鼠，出生後不久就會死掉。研究人員讓兩隻攜帶一個突變基因拷貝的雜合體褐鼠進行交配，按照孟德爾定律，產下的褐鼠必將有四分之一是帶有一對正常基因的正常褐鼠。可實驗結果大大出乎他們的預料，這些體內根本沒有突變Kit基因的老鼠，居然也長出了帶有白斑的尾巴！

這個驚人的結果，推翻了孟德爾遺傳定律。

其實，這一現象早在很多年前就在植物中被發現了。一九五六年，美國植物學家亞歷山大・布靈克（Alexander Brink）首先提出了「副突變」（Paramutation）這個概念，用來解釋發生在玉米中的一種反常的遺傳現象。一些玉米突變基因能夠改變玉米粒的顏色，但是某些突變基因，即使沒有被遺傳下去，仍然能夠影響後代的顏色。科學的說法是：某些突變基因透過人類還不知道的方式，影響了其等位元基因（ABO血型基因就互為等位基因）在後代中的呈現。這一明顯違反孟德爾定律的遺傳現象只在個別種類的植物中被發現過，為此科學家們研究了五十幾年，仍然沒有搞清其機制。

拉索紮德根所做的褐鼠實驗，可以說是第一次在動物中發現的「副突變」現象。為了弄清原因，拉索紮德根仔細研究了帶有變異Kit基因的褐鼠，發現他們體內含有大量的Kit mRNA。mRNA又叫信使RNA，是DNA轉化成蛋白質的必經之路。換句話說，這是RNA的主業。但是在褐鼠這裡，這些信使RNA跑到了精子裡，並在受精時傳給了卵子。難道是這些不務正業的RNA，造成了褐鼠尾巴上的白斑嗎？為了檢驗這一假說，拉索紮德根把變異了的Kit mRNA，注射進正常褐鼠的受精卵內，結果發育出來的褐鼠真的就帶有白斑，而且這一特徵能夠遺傳到第二代褐鼠身上。

臨時工RNA的應急機制

這一現象說奇怪也不奇怪，因為近年來已經有不少例子顯示，RNA有許多人類還不知道的奇特功能。就在二〇〇五年，普杜大學的科學家發現，水芹DNA有時會發生奇怪的變異，變回到祖父的DNA序列，他們提出一個大膽的假說，認為水芹遺傳了祖父的RNA。而在某些時候，水芹會用這些RNA作為範本，合成出祖父的DNA。

當然，這些假說都還沒有得到最終確認，還有很多實驗需要去做。但這項發現足以讓很多科學家激動不已，因為它不但可能改寫孟德爾定律，還可能解釋很多反常的生命現象。早在一九九七年，牛津大學科學家就發現了一個奇怪的現象：兒童的糖尿病發病率，與父親的某個基因有關，即使這個基因並沒有遺傳給孩子。現在看來，很可能父親把這個基因的mRNA遺傳給了孩子。康乃爾大學的科學家保羅·索羅威指出，這一發現很可能解釋了「祖先印記」的遺傳現象，也就是說人類在某些時候，會突然表現出遠祖的某些特徵，即使找不到與此有關的基因。

那麼，從演化的角度看，這些不務正業的RNA到底有什麼好處呢？《自然》雜誌在評論這個新發現時，舉了一個例子：某些植物可以在乾旱時，改變某個基因的表達方式，並把這一應急機制，通過RNA遺傳給後代。這個簡便的方法，可以使後代獲得更好的適應能力，卻不用改變DNA的順序。因為乾旱是暫時的，而與之相應的應急機制，在一般情況下並不適用。DNA就好比是正式工，一旦發生改變就很難恢復常態了。不如讓RNA當一會兒臨時工，幹完活就辭退了事。

分子偵察機在察什麼？

如果一種藥雖然能治病，但還有別的，那麼這種藥是不可能被批准上市的。

被科學家做手腳的DNA序列

小時候玩過一種空戰棋，級別最低的棋子是偵察機。但是如果你主動拿偵察機去碰敵子，就可以獲得一個猜棋的機會，猜對對方的棋子，就可以把它吃掉。今天要說的分子偵察機和空戰棋的功能很相似，但是過程是反的，先把對方吃掉，再來猜對方是哪路人馬。

我們要猜的「敵人」就是大名鼎鼎的基因。以目前的技術條件，判斷一段DNA序列是不是基因，已經不是難事，只要檢查一下這段序列是否連續不間斷，前面有沒有負責開啟轉錄系統的「啟動子」序列，後面有沒有結束字元號，就可以大致判斷出基因的存在。但是，要想知道這個基因是幹什麼的，那可就難上加難了。科學家可以找出這段基因編碼的蛋白質，研究它的功能，可蛋白質的功能並不是那麼好研究的，需要克服的技術障礙很多。

那麼換種想法。眾所周知，要想了解某件東西的價值，最有效的辦法，就是把這東西拿走，看看沒了它，地球還轉不轉。對付基因也可以用這個辦法，把某個基因除掉，然後看看細胞的新陳代謝，有什麼特殊的變化。在過去很長一段時間裡，科學家就是這麼做的。

可是，這個辦法說起來容易，做起來很難。科學家面對的是微觀的分子世界，不可能像在宏觀世界裡那樣，拿把剪刀「喀擦」一剪就完事了。不過，聰明的科學家想出了一個辦法，讓細胞自己來剪。原來，DNA在複製時會發生基因重組，就是兩段相似的基因互相交換DNA。科學家合成出一段假的DNA，其餘部分都正常，只在需要研究的那段DNA上做點手腳。細胞一不留神，沒有識別出做了手腳的DNA，照樣發生了基因重組，原來正常的DNA序列，就會被科學家做過手腳的DNA序列代替了，其結果就是某個特定的基因被「殺死」了。

這事說起來容易，做起來可難了。細胞不是那麼好騙的，有時需要試驗很多次，才能得到一個重組的細胞。不過，科學家正是用這個笨辦法，發現了很多基因的功能，所以這個名為「基因去除」（Gene Knockout）的辦法，為生物學的發展立下了汗馬功勞。

被當成偵察機使用的「干擾RNA」

說了半天老辦法，為的是說明新辦法的好處。一九九八年，美國科學家安德魯・法爾和克雷格・梅洛在著名的《自然》雜誌上，發表論文指出，一種雙鏈RNA可以有選擇性地分解信使RNA，所謂「信使RNA」就是蛋白質合成的範本，沒有它，蛋白質就不能被生產出來，這就等於與之相應的基因被殺死了。兩位科學家把這種現象稱為「RNA干擾」，符合條件的「干擾RNA」很小，通常只有二十五到二十個城基對，它必須和信使RNA的序列一致，才會起作用。比如一段信使RNA的順序是「好好冷高高善高高長」，那麼干擾RNA則必須是「壞壞熱低低惡低低短」。當然了，干擾RNA必須是雙鏈的，也就是說還必須有一段「好好冷高高善高高長」和前面那段RNA配成對，就好比雌雄雙煞，總是一起出來殺人。

讀到這裡，你應該明白分子偵察機是怎麼一回事了吧？沒錯，這個「干擾RNA」（正式的名稱是RNAi）完全可以被科學家拿來當偵察機使用，因為人工合成一段RNA，是很容易做到的事情，成本很低。從此，只要知道某個基因的序列，就可以針鋒相對，設計一個RNAi出來，再把它們（一定是複數，因為需要的量很大）導入細胞裡去，就可以有選擇性地殺死這個基因，不讓它呈現成相應的蛋白質。然後科學家們研究一下，這個細胞發生了哪些變化，就可以精確地判斷出，這個基因到底是幹什麼的了。

這個方法發明出來後，大為方便科學家研究基因的功能。難怪二〇〇六年的諾貝爾生理學獎，頒給了發現RNAi的兩位美國科學家，因為他們發明了目前世界上最有效的分子偵察機。那麼，接下來的問題自然是：能不能用RNAi來治病呢？確實，已經有科學家在嘗試，但是從目前的情況看，RNAi距離治病還有一段距離。主要的原因是，RNAi的功效不太專一，即使順序發生一點偏差，也能起到部分效果。比如上面說的那段順序，如果有個基因有段順序是「好好冷高高善高高冷」，只有最後一個字母不對，那麼這個RNAi很可能會部分地殺死這個基因，或者說影響這個基因正常發揮作用。西醫治病講究準確，如果一種藥吃下去雖然能治病，但說不定還做了點別的，那麼這種藥是不可能被批准上市的。

看來，這個分子偵察機的偵察技術還不成熟，必須等到科學家找到了提高精度的辦法，偵察機才有可能變成轟炸機。

得了鉤蟲病，就不會得哮喘？

鉤蟲感染率下降，哮喘病人就增多了。為什麼？

如果有一天，你的免疫系統打起內戰……

人體就是一個複雜的生態系統，任何兩個對象之間，都存在著某種關聯。比如，英國愛丁堡大學的科學家發現，得了鉤蟲病的人，不大會得哮喘。他們還據此猜測，發達國家的哮喘病人之所以愈來愈多，就是因為這些國家的醫療衛生條件愈來愈好，鉤蟲感染率降低了。

鉤蟲是一種體形微小的腸道寄生蟲，哮喘是一種常見的自身免疫病，兩者看似八竿子打不著，怎麼會聯繫上的呢？原來，鉤蟲可以促使宿主多生產一些「調節性T細胞」（Regulatory T Cells），這種細胞能夠降低免疫系統的活力，否則鉤蟲就會遭到免疫細胞頻繁的攻擊。而哮喘就是因為患者免疫系統太過活躍造成的，如果能讓免疫系統收斂一下，哮喘就不會發生了。

等一等。免疫系統的功能不就是抵抗感染嗎？哺乳動物為什麼會演化出專門抑制免疫系統的調節性T細胞呢？確實，這類細胞的存在一直受到科學家的懷疑，直到最近才終於找到了確鑿的證據。

早在一九六九年，日本科學家發現了一個難以解釋的現象。他們把剛出生的雌性小鼠的胸腺組織去掉，結果這些小鼠長大後沒有卵巢。起先他們認為，胸腺能夠分泌某種促進卵巢發育的雌性激素，可研究發現，不是這麼回事，小鼠的卵巢是被自身的免疫細胞殺死的！有一位耶魯大學的科學家，根據這個發現，提出了一個假說，認為胸腺組織能夠產生某種抑止免疫系統功能的細胞，但他一直沒能找到證據。

一九九五年，日本科學家阪口志文（Shimon Sakaguchi），終於發現了這種細胞的蹤跡。眾所周知，鑒定某種細胞類型的最常用的方法，就是找出細胞表面的特殊標記（通常是蛋白質）。比如，最有名的一類免疫細胞叫做CD4+，這是愛滋病毒攻擊的對象。這種細胞屬於T細胞，其表面帶有一個名為CD4的蛋白標記。阪口發現有一部分CD4+細胞表面，還帶有另一種標記，名叫CD25。如果把小鼠體內帶有CD25的T細胞全部去掉的話，這隻小鼠的免疫系統就會發生紊亂，免疫細胞開始不分青紅皂白地發動攻擊，小鼠自己的細胞也難以倖免。Sakaguchi把這種帶有CD25標記的T細胞，叫做「調節性T細胞」，意思是說，它能調節免疫系統的活力。

「調節性T細胞」的發現，是近年來免疫學研究領域裡，最引人注目的發現，因為這是科學家發現的第一個，動物自帶的能夠抑止免疫系統的生理機制。這種機制非常重要，好比一個國家不能缺少軍隊，但也不能沒有制衡軍隊的機制，否則肯定天天打內戰。假如免疫系統分不清敵友，打起內戰，結果就是自身免疫性疾病。像I型糖尿病、關節炎，以及紅斑性狼瘡等等都屬於自身免疫性疾病。

內戰不能打，外戰也不能隨便打

其實，不但內戰不能打，外戰也不能隨便打，因為外來的人也不見得都是壞人。腸道內為數眾多的細菌，大部分都是對人體有用的益菌，屬於「國際友人」，殺不得。

「調節性T細胞」的作用，被幾種遺傳性疾病證實了。比如小鼠中有一種能夠造成免疫系統紊亂的遺傳病，就是因為缺乏「調節性T細胞」造成的。人類中也有一種類似的遺傳病，叫做IPEX，這是一種X染色體遺傳病，患者絕大部分是男嬰，他們的X染色體上的某個基因發生了突變，導致「調節性T細胞」功能喪失，其結果就是，免疫系統大肆攻擊自身組織，如果不治療的話，患者出生後，很快就會死亡。

最近更有研究發現，習慣性流產也與「調節性T細胞」有關。從分子角度來看，胎兒對於母親來說就是最大的「敵人」，因為胎兒有一半的基因來自父親，屬於「外來物質」，或者說就是一個巨大的移植器官。母親的免疫系統為什麼不對胎兒發起攻擊呢？有科學家發現懷孕期的母親體內「調節性T細胞」的水準明顯增加，也許這就是原因。

這類細胞的存在，還會幫助免疫系統對來犯之敵，發動第二次進攻。研究發現，去掉「調節性T細胞」的動物會把入侵的細菌全部殺死，不留活口。這樣一來，假如這種細菌第二次入侵的話，該動物的免疫系統似乎仍然是第一次面對它們，攻擊不夠有力。但是，假如有「調節性T細胞」存在，這隻動物就會留些活口在體內，等到細菌第二次入侵時，免疫系統就會發動迅猛的進攻，快速解決戰鬥。

「調節性T細胞」的存在，告訴了我們一個真理，那就是人們常說的「平衡」，是非常重要的。有機體需要維持一種平衡態才會健康，但這種平衡狀態絕對不是靜止的，而是動態的。也就是說，任何一種生理活動，都會受到多種因素的影響，有的起促進作用，有的起抑止作用。這些因素相互牽制，確保正常的生理活動，維持在健康的水準上。

有機體是如此，社會也應該是如此。

薩醫治好愛滋病？

抗愛滋病，民間草藥或將取得一次偉大的勝利。

從原住民巫婆得到啟發

薩摩亞（Samoa）是南太平洋上的島國，島上的原住民信奉傳統醫藥（姑且稱之為「薩醫」吧），行醫人多為上了年紀的老太太，按照現代流行的術語，可以把她們稱為「巫婆」。

一九七三年，有個名叫保羅・艾倫・考克斯（Paul Alan Cox）的年輕美國摩門教徒，跑到島上去傳教。那時候島民非常窮，想辦學校沒有錢，只有賣木材給國際伐木公司。考克斯堅決反對這樣做，他堅信島上獨特的植被，是大自然的一筆財富，是研究生物多樣性的最好實驗室。因此他帶頭抵制伐木公司砍伐當地的原始熱帶雨林，最終獲得了成功。他本人還被村民當成是神靈轉世，在當地贏得了很高的威望。

傳教工作結束後，考克斯回到美國繼續學業，在楊百翰大學取得一個生物學學士學位後，他又去哈佛大學讀書，獲得博士學位。畢業後，他選擇回到楊百翰大學，繼續從事生物學研究。一九八四年，考克斯的母親得癌症去世，他受了刺激，決定改行研究癌症。最初他想進醫學院，可轉念一想，學醫的話頂多成為好醫生，但如果研究出一種治療癌症的藥，就能幫助全世界的病人。

怎麼個研究法呢？他想到了「薩醫」。一個哈佛畢業生怎麼會相信巫醫呢？原來，他在薩摩亞傳教時，曾經得過一場重病，村裡的「巫婆」把一種用當地植物的根熬成的「薩藥」熱敷在他胸口，治好了他的病，從此他對民間醫學的態度，發生了極大的轉變。一九八五年，考克斯帶著全家一起搬回薩摩亞，尋找「薩藥」。有一天，考克斯去請教一位在當地小有名氣的「巫婆」，結果這個「巫婆」把自己知道的一百二十一種「薩藥」的配方，全部告訴了他，其中絕大多數原料，均來自當地特有的植物。考克斯把這些藥編了號，準備逐一研究。

與此同時，美國和法國的科學家，成功地分離出ＨＩＶ病毒，確認了愛滋病的發病原因。不久，考克斯收到了美國國立癌症研究所（ＮＣＩ）發來的一封信，詢問他是否能推薦幾種治療病毒感染的「薩藥」。原來，ＮＣＩ有一個專門研究草藥的部門，叫「天然產品分部」，這個部門的職責，就是從世界各地的民間偏方中，尋找有用的藥材。收到信後，考克斯查了查自己的筆記本，發現其中編號為37的藥材，能夠治療一種當地人稱之為Fiva Sama Sama的病，考克斯憑自己的經驗斷定，這種病就是一種病毒性傳染病（後來知道這就是病毒性肝炎）。這種藥是用當地的一種名叫Mamala的樹的樹皮，熬製出來的，此樹是薩摩亞特產，別的地方沒有。考克斯把這種樹皮，寄給了NCI的同事，讓他們分析一下其中的有效成分。

雞尾酒療法靈感來自民間草藥

一九九二年，NCI的科學家欣喜地告訴考克斯，分析結果出來了！他們從Mamala樹皮裡分離出一種名叫Prostratin的物質，在實驗室條件下，確實能夠抵抗HIV。具體來說，Prostratin有兩種功效，首先，它能促使體細胞減少分泌HIV受體，這種受體是HIV病毒進入宿主細胞的鑰匙，沒了鑰匙，愛滋病感染率自然也就下降了。其次，它可以迫使隱藏在免疫細胞內的HIV病毒跑出來，這樣一來，免疫系統和抗愛滋藥物就可以對HIV發起攻擊了。

後一種功效引起了愛滋病專家的極大興趣。眾所周知，人類目前已經掌握了一種有效的抗愛滋病方法，這就是大名鼎鼎的「雞尾酒療法」。這個方法最大的問題就在於，無法根除愛滋病毒，因為總有少量病毒，隱藏在免疫細胞中不出頭，抗愛滋藥物無法接近它們。假如Prostratin真的能讓HIV「浮出海面」，再加上雞尾酒療法，人類就有可能最終消滅這一瘟疫。

關於Prostratin的研究發表後，引來了更多實驗室的興趣。二〇〇四年，美國加州柏克萊大學和薩摩亞政府簽訂協定，由前者負責複製Prostratin基因，爭取實現實驗室生產，這樣的話就不必依靠寶貴的Mamala樹了。

柏克萊大學將專利權的百分之五十，劃歸薩摩亞政府和當地村民所有。這項協議具有劃時代的意義，它第一次承認，原住民有權分享本應屬於自己的專利權。

目前，關於Prostratin的研究，正在緊鑼密鼓地進行當中。如果成功的話，這將是民間草藥的一個偉大的勝利。這個勝利首先當然要歸功於原住民「巫醫」們，雖然他們的很多做法，後來被證明不具科學性，但是他們的寶貴經驗，卻是人類的一筆財富，不承認這一點並不是科學的態度。但是只是依靠經驗也不行，必須輔以科學的研究方法，否則「巫醫」們永遠只會停留在經驗的階段，無法把經驗變成正確的科學理論，這樣也是行不通的。

精液可治療女性憂鬱症？

人類精液裡含有很多讓你意想不到的化學成分，精液的祕密正在逐漸被揭開。

為什麼同一處生活的女性，月經週期變得一樣？

很多人都聽說過這樣一個傳說，成年女性共同生活一段時間後，其月經週期慢慢會變得一致。一九九八年，有幾位科學家做了一次大規模調查研究，結果發現，這個傳說基本上是正確的，只有一個例外：同居的女同性戀伴侶之間的月經週期，卻並不一定同步。

這個有點讓人意想不到的例外，引起了兩位美國性學家的注意。兩人都是紐約州立大學的教授，一個叫蕾貝卡・伯奇（Rebecca Burch），另一個叫戈登・蓋洛普（Gordon Gallup）。他倆認為，這個例外足以說明，以前的理論並不完全正確。按照那個理論，成年女性會分泌一些外激素（Pheromone），依靠空氣傳播，影響到周圍的女性。可是，同性戀戀人之間的接觸，應當更親密才是，為什麼反而沒有同步呢？兩人經過思考，認為女同性戀有一點和異性戀不同，那就是她們之間的性行為，不會有精液的參與，換句話說，她們不可能接觸到精液。

也許精液裡含有一些不為人知的祕密？

於是，兩人開始著手分析精液的組成。結果令人大吃一驚，人類的精液絕不僅僅是精子的營養液，其中還含有大量的性激素。更奇怪的是，精液裡不但含有雄性激素（比如睪丸激素），甚至有很多雌性激素，比如雌激素、促黃體生成素和促卵泡激素等等。要知道，正是這些激素，決定了女性的生理週期。比如，促卵泡激素可以促進卵子成熟。一旦卵子成熟，促黃體生成素便會突然大量分泌，在它的作用下，成熟卵子被排出卵巢，進入輸卵管，等待精子的到來。女性測量排卵日期，最準確的方法就是測量尿液中的促黃體生成素的變化，一旦其水準突然攀升，就意味著馬上要排卵了。

精液中含有的大量激素，很容易被陰道壁吸收，並迅速出現在女性的血液中，發揮各自作用。比如，精液中含有的雌性激素，可以促使排卵期之前的女性加速排卵，因而調節女性的月經週期。有人做過調查，如果女性室友一方有男友，但卻採用避孕套性交的話，兩人的月經週期便不一定同步了，這一點和女同性戀的情況類似，因為她們都無法接觸到精液。

不為人知的精液的祕密？

二〇〇六年底，伯奇和蓋洛普出版了一本關於精液的書，初步揭開了人類精液的祕密。除了調控女性月經週期的功能外，書中還記錄了精液的另一項妙用：治療女性的憂鬱症！要知道，女性患憂鬱症的機率，是男性的三到五倍，這是很多女性經常要面對的心理問題。

精液的這項功能，最早是由一個叫內伊（Ney）的醫生首先提出來的，他依據的是自己多年的臨床經驗。伯奇和蓋洛普設計了一個試驗，驗證了內伊的假說，他倆調查了兩百九十三名紐約州立大學的女學生，她們都有固定的性生活，但有的使用避孕套避孕，有的則採用別的辦法。兩人用心理學界通用的《貝克憂鬱症自測問卷》（Beck Depression Inventory，BDI）評估了她們的憂鬱程度。試驗結果顯示，使用避孕套的女性比不使用的人，更容易患上憂鬱症，而這些不接觸精液的女性，和沒有性生活的女性，在憂鬱症的機率上卻是相同的。更有意思的是，ＢＤＩ的得分和受試者距離上一次性生活的時間，也有相關性，顯示精液的作用是有時效性的。進一步的研究發現，精液中含有的雌激素、黃體酮和睪丸激素等，都能對憂鬱症有治療作用。

為什麼精液裡含有那麼多「零碎小東西」呢？科學家有多種解釋，但離不開一個有意思的事實：人類是比較少見的沒有發情期的動物。人類的近親黑猩猩有很明顯的發情期，處於發情期的雌性黑猩猩外陰紅腫，老遠就能看到。黑猩猩只在雌性的發情期時，才會性交，因為雌性只有在這時才會排卵，其餘時間性交不會繁衍後代，沒有「意義」。

人類女性在排卵期間不但外表毫無徵兆，甚至連她們自己都無法感知。科學家直到上世紀三〇年代才終於搞清了排卵的祕密，在此之前，夫婦要想生孩子，只會盲目地做愛，很多性生活都是「無用之功」。

自然選擇為什麼會選出這樣一個奇怪的特徵呢？著名人類學家賈德．戴蒙（Jared Diamond）在其所著的《第三種黑猩猩——人類的演化及未來》一書中，提出了一個觀點，認為這是女人耍的一個花招，意在拴住男人，讓他擔負起扶養子女的責任。而性是拴住男人的最佳辦法。

不過，戴蒙德也提出了一個相反的解釋。女人隱藏排卵日期的做法，也許是為了適應濫交，理由是：假如部落裡所有男人，都不知道那個孩子究竟是不是自己的後代，也許他們就都會對那個孩子好一點。

不管哪個假說是正確的，既然女人能夠想出辦法來「欺騙」男人，男人們也會有相應的解決辦法，比如精液中含有雌性激素，就是為了讓女人趕快排卵，迎接自己的精子。

當然了，男人的這招不是自己「想」出來的，而是演化使然。那些不會「耍心眼」的男人都被自然選擇淘汰了。

基因改造怎麼來的？

「基因改造」其實早在多年前就實現了，商業化也已經進行了近四十年。

被蒙在鼓裡的大腸桿菌

基因改造說起來很簡單，就是把物種A的某個基因，轉移到物種B的細胞內。經過基因改造後，物種B仍然是物種B，只是多了那麼一點額外成分罷了，和「人造新物種」這個聽起來有點嚇人的概念，還差著十萬八千里呢。

基因改造並不是把外來基因，胡亂塞進一個新細胞那麼簡單，因為基因本身只是一張草圖，在沒有建成大樓（蛋白質）之前，這張圖幾乎毫無價值。要想讓這張草圖發揮作用，必須把它放在總建築師的資料夾（染色體）裡，那裡已經堆滿了各式各樣的建築草圖，偷偷塞進一張別的圖紙，比較容易矇混過關。否則，這張圖就很容易被扔掉（制服、解決）或者被遺忘，基因改造就沒有意義了。

說白了，從事基因改造工作的科學家就像間諜，他們的任務就是騙過總建築師，在特定的地方塞進一張「假圖紙」，代替原來的真圖紙，其結果就是在大樓的屋頂上，換一塊自己想要的瓦。

基因改造的故事必須要從一九七二年說起。那年十一月，在美國夏威夷召開了一次生物學會議。來自史丹佛大學的斯坦利・柯恩（Stanley Cohen）聽了赫伯特・波伊爾（Herbert Boyer）所做的報告，大受啟發。這個柯恩的主攻方向，是大腸桿菌細胞裡的一種環形DNA，叫做「質粒」（Plasmid）。通俗的說，質粒就好比是大樓旁邊的自行車棚的設計草圖，因為和主樓是分開的，所以單獨用一套圖紙。正因為如此，質粒這個小密碼箱，很容易從細胞中被偷（提取）出來，任憑科學家隨意擺布。可是，柯恩一直找不到打開這個小密碼箱的鑰匙。

這個鑰匙被波伊爾找到了。這位來自美國加州大學柏克萊分校的科學家報告說，他發現了一種酶，可以識別一段特定的DNA順序，然後在中間切一刀，把DNA鏈斷開。柯恩聽了波伊爾的報告，立刻意識到他可以利用這種酶的特性，在質粒的特定部位，切下一小段DNA，再換上自己想要的新DNA（假圖紙）。

一九七三年，柯恩從一種非洲爪蟾（Xenopus laevis）的染色體上，切下一小段DNA，「偷偷」塞進了大腸桿菌的質粒中。結果這個被蒙在鼓裡的大腸桿菌，依然按照草圖修建了一座座停車棚，全然沒有意識到停車棚上的一塊瓦片，已經被換成了非洲爪蟾的DNA。

如果可能，科學家們肯定願意為這個倒楣的大腸桿菌立一塊碑，因為這是歷史上第一個被人工「基因改造」的物種。它的出現標誌著一門新的學科——生物工程學（又叫基因工程學）——的誕生。

有趣的是，柯恩一開始只對這個間諜行為本身感興趣，對掉包的這張新圖紙的巨大潛力視而不見。最後還是波伊爾意識到了這個新技術的巨大潛力。一九七六年他在一次會議上提出：基因改造技術可以用來讓細菌幫助人類生產有用的「瓦片」（蛋白質），比如胰島素。

五百美元一夜變成八千萬美元?!

與此同時，一個名叫羅伯特・斯旺森（Robert Swanson）的二十八歲創業投資家，不知從哪裡聽說了這個「間諜實驗」。他對生物工程一竅不通，卻憑著自己的本能，相信這一新技術會帶來巨大的商業利益。他想方設法約到了波伊爾，兩人在柏克萊校園外的一間名叫「邱吉爾」的酒吧裡聊了十分鐘，初步達成了合作意願。

兩人各自拿出五百美元，成立了一家公司，取名基因泰克（Genentech）。波伊爾辭了職，專心基因改造技術的商業潛力。他首先看中了胰島素，因為這是治療I型糖尿病的特效藥，肯定有市場。不過，當時胰島素的基因還沒有找到呢！

波伊爾賭對了。第二年，也就是一九七七年，胰島素基因就被找到了。同年，有人嘗試把老鼠的胰島素基因，改造到大腸桿菌中，獲得成功。那個被改造基因的大腸桿菌，開始按照新圖紙，合成出了老鼠胰島素。值得一提的是，老鼠等高等哺乳動物的胰島素，不但結構相似，功能也幾乎相同。事實上，在基因改造胰島素獲得成功之前，醫生們就是從牛或者豬的胰腺裡提取胰島素。這種牛（豬）胰島素完全可以用於人類糖尿病的治療，只有少數病人會對這種外源蛋白質產生免疫排斥反應。

一九七八年，波伊爾成功地把人類胰島素基因改造進大腸桿菌，「騙」它們生產出和真品完全一樣的人胰島素。三年後，基因泰克上市，股價從三十五美元的開盤價一路飆升至八十九美元。兩位開創者當初的五百美元一夜之間變成了八千萬美元。

基因泰克是公認的第一家生物技術公司，也是目前世界上第二大生物技術公司。該公司二〇〇六年的銷售額為七十六億美元，雇員超過十萬人。由這家公司開發的基因改造技術生產的胰島素，已經全面代替了牛（豬）胰島素，成為大多數糖尿病人的首選藥物。

到目前為止，已經有多種人類蛋白質藥物，用基因改造的方式生產出來，包括重組人干擾素、人類生長激素、紅血球生成素和乙型肝炎疫苗在內的多種產品，已經進行了多年的商品化生產，沒有發現問題。當然，這並不等於說所有的基因改造產品都沒有毛病，這只是說明，基因改造本身並不是可怕的怪物，正相反，人類已經享受基因改造帶來的好處許多年了。

婦女抗愛滋病有新希望？

二〇〇七年初，第一種進入第三期臨床試驗的女用殺菌劑失敗了，而且敗得很慘。

符合三項條件的殺菌劑哪裡找？

二〇〇六年八月在多倫多召開的第十六屆世界愛滋病大會上，女用殺菌劑是大家談論最多的話題。代表們普遍認為這是「婦女抗愛滋病的新希望」。

女用殺菌劑（Microbicide）是一種外用殺菌藥膏，女性在性交前一小時內，自己放入陰道內，可以阻止性病（包括愛滋病）的傳染。女用殺菌劑的使用，不需要得到男方的許可，如果被證明有效的話，這將是人類歷史上，第一次把預防性病的主動權，轉交到女性的手裡，具有重要意義。

外行看來，這東西很容易做。只要在實驗室裡找出一種能殺死愛滋病毒的化學物質，把它溶進藥膏中，不就大功告成了嗎？可事實上，這種藥研製起來相當困難。

首先，女用殺菌劑的主要市場在非洲和南亞這些尚未發達地區，當地人用不起昂貴的藥，因此原材料必須廉價。其次，發展中國家的醫療條件普遍不夠好，能在這些地區使用的藥物，必須能夠忍受極端的儲存條件，而且儲存時間也必須很長才行。第三，殺菌劑直接接觸陰道皮膚，很容易被吸收，因此必須沒有副作用。

能夠符合這三條的殺菌劑就不那麼好找了。比如，曾經有人想用非特異性的細胞毒素，作為殺菌劑，這東西對愛滋病毒的滅活效果倒是不錯，可是它不但貴，而且會讓陰道壁變薄，破壞陰道內原有的菌落環境，引發其他疾病，所以很快就被否決了。

後來有人找到一種廉價殺精劑，名叫壬苯醇醚（Nanoxynol-9）。在實驗室條件下，它能夠阻止愛滋病毒的複製，可是，進一步研究發現，它含有清潔劑成分，會腐蝕陰道壁，反而增加了愛滋病毒入侵人體的機會。於是，壬苯醇醚也被否決了。

下一個成為科學家選項的殺菌劑，就是硫酸纖維素，商品名「Ushercel」。這種物質的分子表面帶有很多陰性基團，能夠和愛滋病毒表面的陽性基團結合，把愛滋病毒中和掉。要知道，愛滋病毒就是依靠表面的陽性基團，和皮膚細胞表面的陰離子結合，從而進入人體的。一旦被中和，便等於失去了進門的鑰匙。

這個原理看上去很有說服力。為了防止出現壬苯醇醚所犯的錯誤，科學家又在志願者身上進行了小範圍的試驗，發現硫酸纖維素對陰道壁，沒有刺激作用，不會造成內壁細胞破損。

擊潰理論的臨床試驗

從紙上看，Ushercell似乎滿足了所有條件，可它還是不能上市，必須先進行大規模臨床試驗。科學家在南非和印度等地找來了一千三百三十三名高危險女性（比如性工作者），隨機地安排她們使用硫酸纖維素殺菌劑，或者不含硫酸纖維素的安慰劑。結果，一年之後就有三十五人感染了愛滋病。負責研發的加拿大Polydex公司，委託了一家獨立的調查機構進行調查，在最終試驗結果還未出來的情況下，對試驗資料進行了初步分析，發現使用殺菌劑的女性感染愛滋病的機率，比使用安慰劑的還要高。於是，Polydex立刻做出了終止試驗的決定。公司的科學家在接受採訪時承認，這次試驗失敗，完全出乎他的預料，他實在想不出原因到底在哪裡。

這個例子充分說明了臨床試驗的必要性。人體是一個複雜的生化網路，僅靠某種理論，或者實驗室條件下得出來的資料很難說明問題，必須在現實世界中，進行科學的檢驗，才能準確地知道，藥物是否真的有效。據統計，美國大約每一千種在實驗室開發出來的藥物中，只有一種，最終能夠進入臨床試驗階段，這說明，絕大部分理論上看似有療效的藥物，都禁不起實踐的檢驗。

即使進入了臨床試驗階段，距離上市仍然差得很遠。在西方國家，新藥的臨床試驗被分成了四期。一期臨床試驗，主要是在小範圍內，考察藥物的安全性，與療效沒有任何關係。二期臨床試驗，是在小範圍內，考察藥物的有效性，同時進一步考察藥物的安全性。三期臨床試驗，是在大範圍內（通常是三百到三千人，甚至更多），以隨機對照試驗的方式，考察藥物的有效性。一般情況下，通過三期臨床試驗的藥物，就可以批准上市了。但是，上市後的藥物還要進行四期臨床試驗，也就是監督它的安全性和有效性，一旦發現問題，便會立即回收。

臨床試驗不但需要大量金錢，還需要很長的時間。拿抗癌藥物來說，基礎研究一般需要花費六年的時間，而臨床試驗則還需要進行八年，這就是為什麼國外上市的藥物，在專利保護期限內價格如此昂貴的原因。

至於說抗愛滋藥物，由於試驗人群很難找，研製起來就更加困難了。此次Ushercell臨床試驗的失敗，給剛剛看見曙光的抗愛滋界致命一擊。

胞質雜交等於人獸雜交？

人獸雜交胚胎實驗究竟是怎麼回事呢？

導致人心惶惶的實驗

二〇〇七年九月五日，英國政府下屬的「人工授精與胚胎學管理局」（HFEA）正式批准了一種人獸雜交胚胎實驗。此消息被國內各大媒體爭相轉載，有的還配上一幅獸面人身的插畫，搞得不少讀者人心惶惶。那麼，事實究竟是怎樣的呢？

要想搞清這次事件的內幕，必須首先弄清HFEA批准的，到底是哪類人獸雜交。

雜交分三種，程度最高的雜交，英文叫做Hybrid，指用一種動物的精子給另一種動物的卵子受精，這種雜交結果就是，受精卵中來自兩種動物的基因，大約各占一半。按照目前的情況，人獸之間的這類雜交，存在很多技術障礙，受精卵不可能繼續發育成胚胎，更不用說生出「人獸雜交怪物」了。

另一種雜交英文叫做Chimera，可以翻譯成「嵌合體」，就是把一種動物的胚胎細胞，和另一種動物的胚胎細胞混在一起，共同組成一個完整胚胎。Chimera這個詞來自古希臘神話，指的是一種只存在於想像中的動物，其身體由蛇、羊和獅子的不同部位組合而成。人獸嵌合體胚胎中，來自人和獸的ＤＮＡ不會混在一起，但理論上卻有可能生出獸面人身的「怪物」。

第三種雜交英文叫做Cybrid，這個詞是由Cytoplasmic（細胞質），和Hybrid（雜交）合成的新詞，大約可以翻譯為「胞質雜交」。具體做法是：先從動物的卵細胞中取出細胞核，再把人的細胞核移植進去。因為絕大部分遺傳物質，都藏在細胞核內，所以「胞質雜交」所生成的胚胎與人胚胎差別很小，幾乎可以當做人胚胎來進行研究。

其實，中國早在五〇年代就進行過胞質雜交，著名科學家童第周為了研究魚的胚胎發育，把鯽魚細胞核內的ＤＮＡ提取出來，注射進去掉細胞核的金魚卵子中，獲得了成功。可是，這項技術一旦運用到人身上，就遇到了很大阻力，問題出在細胞核外的線粒體上，因為線粒體中含有ＤＮＡ，它們負責編碼，與線粒體功能相關的十三個基因，有人認為這十三個基因來自動物，所以「胞質雜交」相當於人獸雜交，會生出怪物來。其實這個想法並不正確。想想看，細胞核中至少含有二・三萬個基因，遠比線粒體基因要多，而且線粒體只負責產生能量，這一功能在哺乳動物中幾乎都是一樣的，人和獸沒有區別。

再打個比方。早期糖尿病人只能透過注射豬胰島素的辦法，來進行治療。那麼，你會把這些病人當做人豬雜合體嗎？進一步說，人和豬的胰島素只有一個氨基酸的差別，假如某人發生了基因突變，體內的胰島素變得和豬相同。雖然此人體內帶有一個豬的基因，但照樣能像常人一樣生活，你會對此人有任何偏見嗎？

胞質雜交從本質上說，和上面這個胰島素的例子是一樣的，但是仍然有不少人執意反對科學家進行這類研究。二〇〇六年，英國國王學院和紐卡斯爾大學的科學家就曾提出申請，要求進行胞質雜交實驗，被HFEA拒絕。英國皇家學院（相當於中國科學院）對此發表聲明，質疑英國政府的這一舉措。聲明中說：英國政府的這一禁令嚴重影響了幹細胞領域的研究，對患者是不公平的。

「神的孩子」可以跟動物細胞混在一起嗎？

為什麼這麼說呢？原來，幹細胞已經被科學界公認是治療一些遺傳性疾病的最佳途徑，這些病包括阿茲海默症、帕金森病、亨廷頓氏病、囊腫性纖維化和某些運動神經疾病等。科學家設想，把這些病人的DNA，導入去掉細胞核的卵子內，生成相應的幹細胞。這些幹細胞既可以用於治療疾病，又可以進行病理研究。這個方法的難點在於，人類卵子的來源有限，無法大規模進行。事實上，當年韓國科學家黃禹錫之所以在幹細胞領域作出過一些貢獻，很大程度上得益於，他採用了某些不人道的方式獲得了大量人類卵子。為了解決這個難題，科學家想出了不少變通辦法，其中一種辦法就是用廉價的牛或者兔卵子作為替代品。

換句話說，胞質雜交技術的出現恰好是為了解決幹細胞領域的倫理難題。

二〇〇七年一月，英國政府考慮了來自科學家們的意見，修改了相關法律。但是英國政府並沒有立即實施新法規，而是花了四個月，廣泛徵求各界意見。結果顯示，絕大部分持反對意見的人，同時也是幹細胞研究的反對者。他們出於宗教的考慮，相信受精卵就是人，不可造次。同樣，他們認為人是高於一切動物的「神的孩子」，絕不能和動物混在一起。

但是，當科學家們向英國公眾解釋了胞質雜交技術的原理後，大多數普通英國人選擇了支持這一新技術。一項民意測驗顯示，有61％的英國人支持科學家進行這類研究，只要能證明這種研究將會造福人類就可以了。有了民眾的支持，英國政府這才解除了禁令，允許科學家進行胞質雜交研究，只要雜合體中人類的基因含量在百分之九十九・九以上即可。

目前，英國皇家學院還在說服政府進一步放寬禁令，允許進行「嵌合體」雜交試驗，因為這也是一種研究和治療疾病的好辦法。相比之下，真正的人獸雜交實驗則沒有獲得科學家的支持，因為目前這種方法對於治療疾病沒有任何用處。

不管怎樣，科學家們都將遵守法律，絕不將人獸胚胎植入子宮，而且會在胚胎發育到十四天以前破壞胚胎。

精神分裂症具備演化的優勢？

人類的很多疾病都是演化過程中產生的副產品。

壞基因也會搖身一變成好基因

鐮刀型貧血症的發病機制，是所有生物系大學生的必修課。這是一種遺傳病，病人的紅血球呈鐮刀形，攜帶氧氣的能力很低。這個病的奇妙之處在於，變形的紅血球能對抗瘧疾，這一點在非洲很有優勢，這就是為什麼這種疾病會在非洲地區如此流行的原因。否則，這種影響新陳代謝效率的病變，肯定早就被自然選擇淘汰了。

鐮刀型貧血症是人類最早弄清真相的遺傳性疾病之一。隨著遺傳學研究的深入，科學家們愈來愈多地發現，絕大部分遺傳病，都和鐮刀型貧血症一樣，不都是有害的。很多所謂的「壞基因」，都會在某個讓人意想不到的地方搖身一變，成為一種「好基因」。

精神分裂症（Schizophrenia）就是一個有趣的例子。從表面看，這種病會讓患者產生幻覺、行為偏執，甚至使人發瘋，嚴重影響患者的正常生活，應該屬於被自然選擇所淘汰的範疇。可是，這種病目前在全世界的發病率保持在１％左右，這個比率在遺傳病當中算是很高的了，這到底是為什麼呢？

與鐮刀型貧血症不同的是，精神分裂症不是一種單一基因的遺傳病。事實上，科學界目前已經發現了幾十種基因和精神分裂症有關聯，但這些基因的確切作用仍然不明。有人也許會問，既然人類基因組測序工作已經完成，為什麼還不能確定，到底有哪些基因會導致遺傳病呢？原因很簡單：人的基因實在是太多了，大部分基因的功能都未搞清。另外，人與人之間的基因順序存在大量的微小差異，很難確定某種差異和遺傳病之間的關聯。

針對這類問題，科學家最常採用的方法就是「家族分析法」。具體說，科學家需要找到有精神病史的家族成員，分析他們的ＤＮＡ和正常人之間的區別，看看是否能從中找到某種規律。那幾十種「精神分裂症基因」就是這麼被發現的。不過，這個方法只能找出可能的致病基因，無法弄清它們的作用機制。

二十八個精神分裂症基因，居然是被演化所青睞的！

這些基因為什麼沒有被自然選擇所淘汰呢？為了回答這個問題，英國巴斯大學的科學家們對包括人在內的幾個靈長類動物，以及一些哺乳動物的「精神分裂症基因」進行了縱向的對比研究。結果發現，在目前已知的七十六個精神分裂症基因當中，有二十八個顯示出了遺傳優勢，也就是說，這二十八個精神分裂症基因，居然是被演化所青睞的！

比如，一種名為DISC1的基因，是目前公認的一個和精神分裂症關係最密切的基因。科學家們發現，這個基因在猩猩和老鼠中都存在對應的基因。與其他類似的基因相比，DISC1在不同物種之間的變化很小，說明這個基因具有重要的價值，經過多年的演化仍然沒有發生顯著的改變。

這篇論文發表在二〇〇七年九月份的《英國皇家學會會報（生物科學版）》（Proceedings of the Royal Society B）上。巧的是，美國約翰・霍普金斯大學的幾名科學家幾乎同時在《細胞》（Cell）雜誌上發表了一篇論文，描述了DISC1基因的一項新功能。他們發現，這個基因能對成年小鼠大腦內，新生成的神經細胞進行調控。如果此基因出了問題，那麼新生成的腦細胞就會失控，隨機地（而不是有條理地）與現有的神經網路進行結合。這些新細胞的樹突數量也會相應增加，而且非常容易被刺激。換句話說，缺乏這個基因的小鼠大腦很容易失去控制，變得更加「混亂」。

大腦失去控制的結果是什麼呢？電影《美麗境界》的原型、數學家約翰・納許（John Nash）認為，這樣的大腦更加富有想像力，也就更富有創造力。納許本人就是這樣一個例子，他一生都在和精神分裂症抗爭，但卻運用他非凡的數學才能，在經濟學領域作出了優異的貢獻，獲得了諾貝爾經濟學獎。

納許絕不是歷史上唯一一個具有精神分裂症的奇才，梵谷和牛頓都曾經患過精神分裂症。另外，世界最著名的物理學家愛因斯坦，以及搞清DNA結構的著名生物學家詹姆斯・沃森（James Watson）都有一個患了精神分裂症的兒子，顯示這兩人體內，很可能都帶有某種能夠導致精神分裂症的基因。

科學界一直有這樣一個假說，認為精神分裂症基因很可能會讓人變得更加富有創造力，這一點顯然是具有遺傳優勢的。不過，這一假說目前缺乏足夠的實驗證據。

戰爭帶來醫學進步?

戰爭是人類的毒瘤，但是戰爭卻無意中帶來了很多醫學上的進步。

戰爭為科學家提供了試驗場和經費

很多醫學上的新發現都是在偶然情況下獲得的，殘酷的戰爭給了醫生很多這樣的機會。

就拿第二次世界大戰來說。青黴素的發現得益於二戰傷兵對抗菌素的大量需求，從此人類再也不怕細菌感染了。軍事科學家對化學武器的研究，意外地發現了氮芥子氣的殺癌特性，從此癌症患者多了一樣武器——化療。法國軍醫亨利·拉布洛提在為士兵動手術時，意外地發現了氯丙嗪能夠治療精神分裂症，這是人類第一個治療精神性疾病的藥物。英國醫生彼得·梅達瓦在給燒傷士兵移植皮膚的手術中，搞清了異體排斥現象的機制，這是免疫學發展史上的一個里程碑式的成果……

早期戰爭只是為科學家提供了一個試驗場，近期的戰爭則為醫學研究提供了大量的科研經費。九一一之後，世界各國政府紛紛撥出巨款，投入反恐領域。就拿美國來說，他們最怕的武器不是導彈或者槍炮，而是生化武器和放射性炸彈。後者被美國人稱作「髒彈」，只要把普通炸彈稍加改造，加入放射性物質，就能把任何一座大城市變成車諾比，其後果不堪設想。

二〇〇四年，美國國會撥出巨款，交給八家美國高科技公司和研究所，研究對付「髒彈」的辦法。兩年多過去，髒彈還沒見到，但這八家研究所已經花費五千六百萬美元。這筆錢卻也沒有浪費，因為有幾項成果，意外地在抗癌領域派上了用場。

逃過這個癌症，卻得了新的癌症

眾所周知，目前治療癌症有兩個手段，一是化療，二是放射性療法，但是這兩種方法都不是專門針對癌細胞的，而是對幾乎所有正在生長和分裂的細胞，都會造成傷害。因此，這兩種療法的副作用很大，限制了它們的應用。「所謂癌症倖存者，指的是他們不但逃過了癌細胞的攻擊，也躲過了治療方法的副作用。」美國羅斯維爾派克癌症研究所副所長安德列・古德科夫（Andrei Gudkov）對記者說，「有些放射性療法甚至在殺死癌細胞的同時，又在數年後引發了新的癌症。」

放射線最大的害處就是會把化合物中的電子打飛，使之帶正電。這樣的分子俗稱「自由基」，屬於身體裡的「害群之馬」。匹茲堡大學的科學家，發現一種名叫「錳過氧化物歧化酶」（Manganese Superoxide Dismutase）的生物酶能保護食道癌患者，使他們在經歷放射性療法後七十二小時內免受自由基的傷害。目前這種酶已經進入了二期臨床試驗。杜克大學則另闢蹊徑，找到了一種小分子物質，能夠模仿錳過氧化物歧化酶，把自由基轉變成無害的中性化合物。這種神奇的小分了是什麼呢？我們只知道它的代號叫做「AEOL 10150」，其餘一概不知。別忘了，這項研究是為了冷戰的需要，有很強的軍方背景。不過，已經有一家公司接手了這項實驗，剛剛結束了一期臨床試驗。

類似的是，一家位於美國克利夫蘭市的生物科技公司，則在研究一種代號為Protectan CBLB502的藥物，這種藥物能作用於一種特殊的基因開關，提升錳過氧化物歧化酶的分泌量，同時減少健康細胞的非正常死亡，釋放免疫細胞，幫助人體修補放射線造成的損傷。據稱美國軍方非常看好這種藥的前景。

放射線除了能造成人體大量生產自由基以外，還有很多其他副作用。研究顯示，士兵在放射線照射下，體內會分泌一系列酶，破壞腸道的內壁組織。美國阿肯色大學一個受到美國國會資助的研究小組，正在試驗一種代號為SOM230的藥物，能抑止這些酶的作用，保護士兵不受原子彈傷害。同理，這種藥物也可以被運用到接受放射性療法的癌症患者身上，減少副作用。

放射性治療能夠讓患者的正常組織「纖維化」（Fibrosis）。這些增生的纖維組織，間接地保護了位於軟組織內的腫瘤細胞，使之免受放射線的傷害。不但如此，它們還能造成患者肌肉瘦疼，降低患者的活動能力。已知一種屬於免疫系統的蛋白質TGF-beta能夠刺激細胞生產大量的纖維樣組織，美國杜克大學的研究小組，目前正在試圖利用特異性抗體，和小分子化合物，來降低TGF-beta的活性，他們在小鼠身上試驗了這種方法，發現這些特異性抗體和小分子化合物，能有效地降低小鼠經歷放射性療法後的纖維化程度。

有理由相信，上述這些被公開了的成果，只是冰山一角。美國國會計畫在今後三年內追加投資八千兩百萬美元，繼續這一領域的研究，看來他們嘗到了甜頭。

第三集
猛男是怎樣煉成的

細菌是你身體的主人？

你的關節炎真的是因為下雨？

知道愈多，會不會死得愈快？

為什麼有人喝水也會胖，減重效果也會因人而異嗎？

你的身體，其實有好多你不知道的祕密……

葉酸可以減少兔唇發病率？

飲食和營養方面，每天都會出現幾個新的「專家建議」。它們到底有沒有根據？

兔唇在中國的發病率大約只有七百分之一，但如果乘以中國巨大的人口基數，其結果就是一個很可怕的數字。關於如何預防兔唇，媒體上出現了各式各樣的說法，孕婦抽菸、酗酒、過量照射X光、病毒感染、營養不良等等因素，都被認為是兔唇的罪魁禍首。不過這些都屬於公認的壞毛病，暫且不去說它們。

不少專家認為，多服葉酸有助於減少兔唇的發病率，但也有專家認為兩者沒有關聯，我們應該聽誰的呢？我們每天都會在報紙上看到無數關於健康的忠告，尤其是飲食和營養方面，每天都會出現幾個新的「專家建議」。它們到底有沒有根據？讀者應該如何去看待這些「健康小祕訣」？兔唇和葉酸的關係問題，正好為我們提供了一個研究範本。

為什麼孕婦要吃葉酸？

葉酸（Folic Acid）是維生素B的一種，常見於綠葉蔬菜中。不過葉酸無法耐高溫，因此只有生吃才最有效。不喜歡吃生菜的話，還可以吃粗糧，豆類和部分肉類中也含有相當多的葉酸。葉酸的作用，最初是被一個叫露西・維爾斯（Lucy Wills）的英國醫生首先確定的。上世紀三〇年代，她去印度孟買行醫，發現當地孕婦得貧血症的人很多，患者血液中的紅血球體積不斷增大，數量卻在減少。當地民間流傳著一種偏方，可以治療這種貧血症，其主要成分是一種發酵副產品。維爾斯從這種發酵提取物中，分離出各種成分，逐一嘗試，終於證明其中富含的維生素B，是真正起作用的成分。

一九四一年，一個美國科學家從菠菜葉子裡，提煉出葉酸，並搞清了它的分子式。一九四六年，科學家又成功地用人工合成的辦法，製造出葉酸，並開始研究它的作用機制。研究結果令科學家大吃一驚，原來這種不起眼的小分子，竟然是DNA複製過程必需的一種輔酶，沒有它，DNA複製就不能進行，細胞便無法分裂。可是細胞中蛋白質的合成卻不受影響，於是紅血球中的蛋白質便愈積愈多，體積自然也就愈來愈大，但數量卻不見增長，這就是貧血症的病因。正在發育的胎兒每天都要進行大量的細胞分裂，需要很多葉酸，孕婦體內的葉酸被大量徵用，結果便造成了自身的貧血。

好了，葉酸的故事可以告一段落了。這個故事代表著生命科學研究的理想狀態，因為貧血症在窮人孕婦中的發病率很高（大約25%），使得醫生可以很方便地找到試驗對象，透過試驗，證實葉酸的好處。葉酸的作用機制搞清楚之後，醫生更可以理直氣壯地下結論了，他們可以用非常肯定的語氣，建議貧血的孕婦：多吃點生菜就好了。

可惜的是，生命科學並不是那麼簡單，營養學尤其如此。同樣一個葉酸，當它出現在其他領域後就開始有麻煩了。

癲癇與脊柱裂的兩難

脊柱裂（Spina Bi.da）是另一類比較常見的嬰兒先天畸形，發病率約千分之一。發病嬰兒腰部，會鼓起一個包，並伴有分泌物或者感染。脊柱裂屬於「神經管缺陷」（Neural Tube Defects）的一種，具體說就是發育過程中，脊柱閉合出了問題。患兒神經系統發育不全，長大後非常痛苦。最早把脊柱裂和葉酸連在一起的，是一名產科醫生，他在上世紀六〇年代發現，醫院裡出生的患有脊柱裂的孩子，其母親多半得了貧血症，於是便做出了一個大膽的猜測：脊柱裂與孕婦缺乏葉酸有關。後來又有人發現，有癲癇病史的孕婦生出脊柱裂孩子的比例很高，而治療癲癇病的藥物，正是專門和葉酸作對的拮抗劑。

好了，猜想有了，如何證明呢？人不是實驗動物，不能用剝奪葉酸的辦法，考察它的作用。但可以反過來，用補充葉酸的辦法，來測量脊柱裂發病率是否下降。但是，脊柱裂發病率很低，要想獲得一千個病歷，就得觀察一百萬名孕婦，工作量實在是太大了。於是，很多相關試驗，都因為病人數量不足而不可信。

有趣的是，脊柱裂的某些特徵，反過來幫了科學家的忙。統計結果顯示，脊柱裂有一定的遺傳性，如果一個母親生過一個脊柱裂小孩，那麼她下一個孩子，患有脊柱裂的可能性，立刻飆升至3％。這是一個足夠高的數字，試驗起來方便多了。一九八三年，英國科學家進行了一項大規模試驗，讓一組生過脊柱裂孩子的母親，每天服用四毫克葉酸，對照組不服用人工葉酸，只吃普通的飯菜。結果他們驚訝地發現，服用葉酸的婦女，第二個孩子患有脊柱裂的比例下降到只有1％，也就是說，葉酸能夠把脊柱裂的發病率降低70％左右。這個結果實在是太顯著了，出於人道主義考慮，醫生們於一九九一年終止了這項試驗，並把試驗結果寫成論文，發表在著名的《柳葉刀》雜誌上。美國疾病防控中心（CDC）的科學家看到論文後，建議美國食品與藥品管理局（FDA）向全國孕婦提出倡議，號召她們服用含有葉酸的維生素藥片。

這個故事代表了生命科學領域的最常見的情況，那就是在沒有搞清作用機制的情況下，透過大量的試驗，找出規律，提出合理化建議。

為什麼一定要懷孕前吃才有效

上面說的英國試驗有一個重要的前提，那就是孕婦必須在懷孕前一個月，就開始服用葉酸，並一直堅持到懷孕三個月之後，這樣才有效果。孕婦知道自己懷孕了，再補吃葉酸是沒用的，因為脊柱裂發生在受精三十天的時候，如果那時脊柱沒有完全閉合，後來再怎麼補救，也都無濟於事。可是，相當多的孕婦在懷孕三十天的時候，還根本不知道自己已經懷孕了呢，必須想辦法讓她們在懷孕之前就開始吃。不過，這樣做難度很大，一來很多懷孕都屬於意外，沒法預測；二來很多婦女經濟不寬裕，動員她們每天服用維生素藥片，只是為了減少一種發病率只有千分之一的病，並不是一件容易的事情。

於是，CDC的科學家提議，在人們每天都要吃的食品裡面人工添加葉酸。類似這樣的所謂「強化食品」早就有過先例，上世紀二〇年代，美國就在食鹽中加碘預防甲狀腺腫大病，後來又相繼公布過維生素D（預防軟骨病），和氟（預防蛀牙）等的強化食品，都獲得了不錯的效果。可葉酸的問題並不那麼簡單，有科學家認為，老年人被迫服用大量葉酸，會掩蓋因缺乏維生素B12，而造成的另一種貧血症。

更重要的是，科學家對英國試驗仍然有不同的看法，他們認為在脊柱裂高發人群中做的試驗，不一定具有普適性。就在此時，另一種聲音冒了出來。一批崇尚自然食品的活動家，到處遊說，暗示這是生產維生素藥片的廠商的陰謀。政治一旦介入了本來應該屬於純科學的領域，事情立刻就變得複雜起來。那段時間，各種組織和專家紛紛發表意見，說什麼的都有。人權組織出於保護窮人的目的，極力主張FDA盡快通過葉酸強化法律，但FDA頂住壓力，堅持要等到更多的資料出來之後，再做決定。

一九九二年八月，FDA得到了兩項還未發表的試驗結果。這兩個大規模試驗分別在匈牙利和美國進行，兩者均以普通人群為試驗對象（而不是已經生過一個脊柱裂嬰兒的母親）。兩項試驗均顯示，普通婦女如果在懷孕前後每天服用〇・四毫克（美國試驗）或者〇・八毫克（匈牙利試驗）的葉酸藥片，其嬰兒的脊柱裂發病率就會顯著降低。

這兩項試驗為葉酸的支持者打了兩針強心劑。但是，ＦＤＡ仍然沒有鬆口。他們一面繼續關注在其他國家進行的葉酸臨床試驗，一面組織醫生對老人服用葉酸的安全性問題進行評估。後續研究證明，葉酸對B12的掩蓋問題，並沒有當初想像的那樣嚴重，而且也有更多的資料支援葉酸與脊柱裂之間的對應關係。有了扎實的試驗支持，ＦＤＡ這才終於在一九九六年推出新法律，在早餐麥片等美國人常吃的食品中強制添加葉酸。即便如此，ＦＤＡ仍然建議葉酸製造商，在宣傳措辭上謹慎一些，把「葉酸能夠防止脊柱裂」改成「葉酸能夠降低脊柱裂的發生機率」。

ＦＤＡ在葉酸問題上的謹慎態度，曾經招致了一些激進分子的不滿，但這畢竟關係到整個民族的身體健康，ＦＤＡ的謹慎態度也許是很有必要的。中國和許多歐洲國家目前都還沒有強制在食品中添加葉酸，但醫生們一直在建議，適齡少婦每天服用〇・四毫克葉酸，以降低脊柱裂的發病率。來自美國的資料顯示，強制添加葉酸後，美國的神經管缺陷發病率下降了25%，看來葉酸起作用了。

降低機率不等於百分百逃得過

兔唇和葉酸之間的關聯，最初也是來自醫生的猜測。他們發現，兔唇在癲癇病人群體中的發病率較高，和脊柱裂的情況非常相似。另外，兔唇也是由於人體中軸線部位的器官，沒有發育好，這一點也和脊柱裂相似。於是醫生猜測，葉酸很可能像在脊柱裂中表現的那樣，能夠降低兔唇的發病率。

但是，證明上述假說的過程，遇到了和脊柱裂一樣的困難，因此這個問題至今仍存在大量爭議。和脊柱裂的例子一樣，兔唇也具有一定的遺傳性，但其發病機制一直沒能完全搞清，因此只能依靠大規模臨床試驗才能得到答案。不過，關於葉酸與兔唇關係的試驗，對科學家來說意義並不大，因為葉酸添加劑已經被證明有效，科學家沒有必要去說服公眾。如果你是一個適齡婦女，還是聽從專家的建議，每天服用〇・四毫克的葉酸吧。不管這樣做是否可以降低兔唇的發病率，但肯定能降低神經管疾病的發病率，這就足夠了。

那麼，王菲是否缺乏葉酸？是否在懷孕時抽菸喝酒了？是否帶有兔唇基因？是否服用了治療癲癇的藥物？我們完全無法知曉，因為這只是一個機率問題。千萬別以為你服用了葉酸，就能避免生出兔唇孩子，你只是降低了可能性。科學，尤其是生命科學領域，很多事情並不是絕對的，因為決定一個生命事件的因素很多，在沒有搞清機制的情況下，大部分結論，或者說那些健康小祕訣，都不是絕對的。

猛男是怎樣煉成的？

要不了幾年，猛男也會像美女一樣「人造」。

肌肉只有在休息時才能長大

人類的審美是很實用的。比如，判定美女的標準說穿了，就是脂肪分布的比例，豐乳肥臀最有利於生養，也最美。同樣，世間大多數美女喜歡肌肉男，因為肌肉代表力量，代表著捕捉野味的能力。不過，肌肉過多的男人也不美，因為維持肌肉的健康，需要消耗大量能量。一個男人堆積了大量無用的肌肉，意味著他很可能會勻不出多餘的糧食，給孩子們吃。

脂肪這玩意兒可塑性強，於是人造美女出現了，並極大地干擾了男人們的判斷力。猛男就不同了。曾經有幾個偷懶的男人，想靠貼胸毛的辦法裝猛男，結果被廣大美女同志們一眼識破，變成笑柄。國產美女喜歡洋帥哥，絕不是因為胸毛，而是因為他們大都是肌肉健壯。肌肉沒法人工移植，於是肌肉男就成為一種很希罕的寶貝。這一點在華人社會尤其如此。以前我們還可以靠營養不良來推托，可在物質極豐富的今天，中國男人的肌肉比例，仍然遠遠落後於歐美國家，這就不能不說是教育的問題了。中國學校的體育課從來不教男生們怎樣增加肌肉，這實在是一種對學生前途不負責任的表現。無數事實證明，一個男孩的一千五百公尺跑步成績，遠遠不如他的肱二頭肌的厚度，更加容易吸引女孩子，因此美國的中學很早就開設了專門的健美課程，他們的體育教育比較人性化。

因為缺乏相應的教育，大多數中國男人都認為，只要多鍛練就能長肌肉。於是經常看見一個男人走進健身房，依次把每一樣器械都練一遍，然後對著鏡子摸著自己繃緊的肌肉，滿意地離去。其實，只要看看那些長年在田間地頭勞動的農民叔叔，你就會明白這種做法並不正確。任何一個美國中學生都可以告訴你：健美鍛練必須分著來，每一次只練特定的幾塊肌肉，因為肌肉只有在休息時才能長大。

合理的飲食同樣重要，因為肌肉的生長過程，需要消耗大量的蛋白質，因此國際上公認的標準，是每公斤體重每天需要三克左右的蛋白質，也就是說，一個七十公斤的人每天需要吃進二一〇克蛋白質！當然這個數字指的是，每天堅持去健身房的人。一個天天忙著盯版的報社編輯如果這樣吃，非吃成大胖子不可。

人造猛男即將大量問世

具體來說，每塊肌肉的鍛練也很有講究。現在國際上普遍認為，舉重效果最好，而且大重量少次數比小重量多次數，效果更好。一般健美教練會讓你連續做五組舉重，每組五次，看你最後是否還能舉得起來。最佳的重量就是在五組的最後，你一點力氣也使不出來了。這樣做是有道理的，因為舉重訓練的目的，就是讓你的肌纖維產生輕度損傷，只有這樣，肌肉細胞才能分泌出相應的小分子訊號，促使細胞核分泌大量蛋白質，用於肌纖維的修補。窮人都知道，帶補丁的褲子肯定比新褲子厚重。肌肉表面的補丁會使肌纖維的橫切面積愈來愈大，肌肉男就是這樣一點一點修補出來的。

不過，想像力豐富的讀者一定會看出一個問題：能不能人工合成那種「小分子訊號」呢？當然可以，很多專業健美運動員就是這麼做的。這類訊號還有一個專有名詞，叫激素。可是很多這類激素效果並不專一，過量服用會造成其他副作用，對健康不利，聰明人是不會拿自己的生命開玩笑的。可是，科學的發展永遠走在想像力的前面。幾年前，美國馬里蘭州的科學家發現了一種基因，它所編碼的蛋白質專門負責控制肌肉的發育，因此取名為「肌肉抑制素」（Myostatin）。這幫科學家在小鼠身上做了一項試驗，不同程度地關閉這種基因的呈現，產生了不同程度的「猛鼠」。牠們除了肌肉發達以外，其他部分與一般小鼠沒有區別。科學家們希望透過這種研究，能夠治療肌肉萎縮症，再不濟也可以用在家禽身上，培育出只長瘦肉的豬。

可就在二〇〇四年，德國居然出現了一個「超級男孩」，其肌肉發育是普通孩子的好幾倍。這個孩子的家庭裡出過很多肌肉發達的猛男，因此他的異常完全是遺傳的原因。經過研究發現，這個男孩體內的肌肉抑制素，水準比同齡孩子低很多，所以他的肌肉才能如此瘋長。

照此下去，要不了幾年，猛男也會像美女一樣在前面加上「人造」的稱謂。

是汽油味？還是新汽車味？

汽油味難聞，但為什麼大家都在追求「新車氣味」？

被拿來炫耀的「新車的味道」

不知道當初是哪位有識之士把car翻譯成「汽」車，這個譯法實在是太有遠見了，因為汽車的「氣味」愈來愈成為人們矚目的焦點。

二〇〇五年十月七日，《日本時報》刊登了一篇報導，說豐田汽車公司開發出一種新型灌木，將大大提高其吸收空氣中有害氣體的能力。這種灌木是「櫻桃鼠尾草」的近親，豐田公司的科學家給它取了個新名字，叫做「櫻桃白蘭地石竹」（Kirsch Pink）。據稱這種新型灌木吸收有害氣體的能力，將比「櫻桃鼠尾草」高出一‧三倍，尤其對氧化氮和氧化硫等公認的有害氣體最為有效。這些化學物質不但聞起來噁心，而且它們還能夠破壞臭氧層，提高溫室效應，是酸雨的罪魁禍首。而汽車，正是這些有害氣體的一大來源。

其實，汽車身上的味道，可遠不止這些。汽油不但燒完了會產生難聞的有害氣體，燒前揮發出來的「汽油味」也是有害的。國際禁毒組織專門把汽油味列為其中一項能夠使人上癮的毒品，因為實驗證明，過度吸入揮發汽油，對人的神經組織和腎臟有害。另外，幾年前公布的一份研究結果顯示，煉油廠的工人患皮膚癌的可能性，比常人要高，這一點很可能與他們經常吸入揮發汽油有關。

和惹人嫌的汽車尾氣不同的是，汽油味屬於有人喜歡，有人討厭的一種味道。還有一種與汽車有關的味道，則不但很多人喜歡，甚至還經常被拿來炫耀，這就是所謂的「新車的味道」。電視廣告裡經常可以看見主角坐進新買的車子裡，陶醉地做一次深呼吸。他在向觀眾傳達這樣一種資訊：別看你只花很少的錢，買了一輛性能價格比優異的二手車，可你聞不到新車味兒。

那麼，這個「新車味道」到底是什麼呢？原來，從化學角度講，這種味道來源於「可揮發性有機化合物」，簡稱VOC。VOC主要來自於塑膠、膠木、膠水和各種有機塗料，新建成的房子裡，這種氣體的含量很高，因為房屋的建築材料中，很多都能揮發出VOC。這種味道聞多了會讓人頭疼，喉嚨乾澀，甚至噁心，所以有人把這種現象叫做「新屋綜合症」。

新車氣味含有大量有毒化學成分！

房子因為是封閉性的，因此VOC的濃度格外的高。同理，汽車內的空間更加狹小，因此新車的味道甚至比新房子的味道還要厲害。「我們通過分析研究後發現，新車內的VOC含量比任何新房子都要高很多。」澳洲國家科學與工業研究會研究員史蒂夫・布朗，在一次採訪中對記者說：「新車的VOC含量通常都會超過國家房屋VOC標準的好幾倍。」

別小看了這種味道，其中含有大量有毒化學成分，不但會讓人產生噁心頭暈的感覺，而且還會影響神經系統發育，對肝臟和腎臟有較強的毒性，甚至可能致癌。比如兩種常見的VOC甲醛和苯，就早已被證明屬於較強的致癌物質，而氣溶膠噴射塗料中含有的氯化亞甲基，不但可以致癌，而且還會在人體內分解成一氧化氮，而一氧化氮的毒性早已世人皆知。

雖然科學界早就知道VOC有毒，世界發達國家也都對新屋的VOC含量制定了嚴格的標準，可VOC造成的「新車味道」，卻讓世界汽車工業遲遲不願採取措施降低它們的含量。美國市場上，甚至還有一種味道很濃的噴射塗料，專門是用來讓舊車重新「煥發青春」的，因為有人特別喜歡這種味道。可就在不久以前，日本汽車工業終於開始重視這一問題了。日本汽車工業協會決定逐步降低新車內VOC的含量，到二〇〇七年時，所有新車將符合日本新的VOC含量標準。目前豐田已經有六款車型符合這一標準，尼桑有五款達標，本田和三菱也開始在他們即將在北美推出的新款轎車中，採用這一標準。相比之下，美國的汽車工業卻遲遲沒有動靜。

確實，汽車製造大國日本，在環保上遙遙領先，他們不但在節能型油電混合車上領先對手，而且也是世界上最先開始減少「新車味道」的國家。日本最大的汽車公司豐田，甚至有一個生物技術部門，專門研究開發吸收廢氣能力強的植物。「櫻桃白蘭地石竹」就是這一部門的最新成果。不過這種神奇植物可不便宜，每株要價三百八十日圓呢。

日本人的生意頭腦實在是讓人無話可說。

細菌是你身體的主人？

組成人體的細胞90%都是細菌，它們才是你的主人。

所有的疾病都與細菌有關？

「您胃痛？來點抗生素吧。」

十年前，要是你的醫生這麼說話，你肯定跟他吵。現在好了，連諾貝爾先生都承認，胃潰瘍是由幽門螺旋桿菌引起的，你有什麼話說？

事實上，這個案例為科學家們敲響了警鐘，因為大量證據顯示，很多以前認為與感染無關的疾病，都可能與細菌有關。比如，美國科學家在關節炎病人的炎症部位，發現了衣原體，並懷疑關節炎與這種專門寄生在真核細胞中的細菌有關。阿茲海默症患者的腦細胞內，也發現了衣原體，讓人懷疑這種老年癡呆症也是由細菌引起的。這個單子愈開愈長，目前已經有慢性疲勞綜合症、海灣戰爭後遺症、多發性硬化症、紅斑性狼瘡、帕金森症和多種癌症，可能與細菌感染有關。

這份名單中最離奇的當屬心臟病。科學家已經在動脈血凝塊中，發現了多種細菌，一些美國醫生甚至給病人開大劑量抗生素以防治心臟病。其實稍有常識的人都知道，濫用抗生素是危險的，因為這會使致病細菌產生耐受性。但很多病人都會心存僥倖心理，他們覺得先用抗生素殺死大部分致病細菌要緊，剩下的那些產生了耐受性的細菌，再換一種抗生素，不就可以殺死了嗎？

問題可不是這麼簡單。

先來告訴你一個數字：據估計，人身體內的細菌數量，是體細胞數量的十倍，也就是說，你身上的每一個細胞都要供養十個細菌。「供養」這個詞也許並不恰當，因為很多細菌對人體的正常生理活動有幫助。比如，一些無害細菌在平時組成了一道細菌屏障，阻止了其他外源有害細菌的入侵。如果這些保護性細菌被殺死，那麼外源細菌就可以很容易地侵入人體，造成惡性感染。一個極端的例子發生在醫院的急診室，因為醫生通常會給這些病人注射大量高效抗生素，以防止傷口感染，但是這些病人卻很容易因此而感染膿毒血症。這種急性細菌感染平時只有2%的發病率，可在急診室這個數字卻上升至25%。事實上，這種來自醫院的細菌感染，是急診室病人的一大死因，位列美國十大死因的第十位。

細菌的作用可遠遠不止這些。最近，美國史丹佛大學的科學家從健康人們的口腔、胃和腸道內，發現了數百種以前不為人知的新細菌，目前人們對於這些細菌的作用知之甚少。華盛頓大學人類基因組研究室的遺傳學家，用基因檢測技術發現，人體內所有的基因中有99%都屬於外來基因，也就是細菌的基因。

濫用抗生素其實等於自殺

那麼，這些細菌到底都是幹什麼的呢？華盛頓大學的科學家傑佛瑞・格登，建立了一個無菌實驗室，用基因工程的方法，培養了很多無菌小鼠，吃的都是經過嚴格消毒的無菌飼料。經過一段時間的研究發現，培養無菌小鼠必須在飼料中增加維生素，以及比對照組多的卡路里。因為很多腸道細菌的作用，就是分解某些難消化的植物飼料，把它們變成卡路里和維生素。根據計算，這些腸道細菌提供的能量，占了小鼠總吸收量的15%。也就是說，這些細菌的存在使得小鼠可以少吃15%的飼料。

研究發現，分解植物殘渣的細菌，主要是一種名叫B.theta的菌種，這種細菌不但在小鼠大腸內數量最多，而且也是人類大腸中的絕對主力。格登的研究小組測出了B.theta的整個基因序列，並設計了一個基因晶片，用來監控B.theta基因組的活動。結果他們發現B.theta簡直是腸道內的勤務兵，很多正常的生理活動都和這種細菌有關。比如，B.theta可以幫助宿主生成血管壁細胞，維護宿主消化道上皮細胞的新陳代謝，指導宿主的免疫細胞，攻擊外來的敵人。它們甚至可以分泌一種類似激素的物質，作用於宿主體內其他器官，對食物的缺乏做出相應的反應。當無菌小鼠被餵以含有B.theta的飼料後，體內的脂肪含量在很短的時間內就增加50%，而所餵飼料總量比對照組減少30%。小鼠長胖的原因，就是B.theta細菌分泌的激素類物質，指使小鼠的腹腔細胞多多儲存脂肪，以供這些細菌日後使用。為什麼？很簡單：這些細菌要吃飯啊！

小鼠的體細胞怎麼會那麼聽話呢？前面不是已經說過了嗎？組成人體的細胞90%都是細菌，它們才是你的主人。所以說，濫用抗生素其實就等於自殺。

下雨天讓你關節疼痛？

類風濕性關節炎真的與天氣有關嗎？

你的病會不會只是疑心生暗鬼？

很多老年人每到冬天，都要去熱帶避寒，他們相信寒冷陰濕的天氣，是造成關節疼痛的主要原因。且慢，先別急著買機票。科學家發現，類風濕性關節炎（以下簡稱關節炎）與天氣其實並沒有多大的關係。

關於兩者之間的關係，不僅中國有這樣的說法，國外也有。外國科學家按照實證科學的思路，首先列出了天氣變化的幾個因素，比如溫度、濕度、氣壓等等，然後在實驗室環境下模擬這幾個變化，同時觀察關節炎病人的反應。最早進行這項研究的是美國關節炎專家約瑟夫・霍蘭德，他早在一九六〇年就對十二名關節炎病人，進行了為期兩週的天氣實驗，結果除了一名病人對天氣一點沒感覺以外，其餘病人都對濕度增加，和氣壓降低有不同程度的感覺，而這正是下雨前的天氣狀況。

他還發現氣壓與濕度必須同時變化，才會有作用。

可是，設計過科學實驗的讀者一定會看出一個問題：霍蘭德實驗的樣本數量只有十二個，太少了。科學家後來又進行過很多類似實驗，得出了不同的結論。但所有這些實驗的設計，都存在這樣那樣的毛病，因此到目前為止，國際醫學界關於這個問題，仍然沒有統一的意見，但大家都認為，即使天氣變化能夠影響關節炎，這種影響也是相當小的。溫暖乾燥的天氣，並不能治癒關節炎，也不能降低關節炎的發病率。

二〇〇五年十一月的《科學美國人》雜誌刊登了多倫多大學醫學教授羅奈爾得・李德梅爾的一封答讀者問，提出了一個有趣論點。他認為老百姓經常把不相關的兩件事情聯繫起來，一次隨機發生的偶然事件，只要印象足夠深刻，就會讓病人相信，壞天氣總是和關節炎有關。生活中這樣的例子有很多，比如麻將桌上就流傳著一個經典的說法：坐北朝南，愈打愈難；坐南朝北，愈打愈美。如果讓你來設計一個實驗，驗證一下這個說法是否正確，你會怎麼做呢？讓N個人坐南打十圈，再坐北打十圈，然後比較輸贏？這個辦法好是好，但別忘了，這些人也知道這個說法，他們每次換位置的時候，肯定已經有了心理暗示，這種暗示會影響到他們的打牌風格。所以，這個實驗必須在一間看不出方向的房子裡進行，才能得出正確的結論。

人的心理是最難控制的實驗條件之一

讓房間看不出方向容易做到，讓受試者在很長一段時間裡，感覺不出天氣變化可就難了。所以說，一旦人的心理暗示，成為影響實驗結果的條件之一，那麼這個實驗進行起來，一定會格外地麻煩。就拿關節炎來說，即使天氣沒有任何變化，病人的關節痛感也會時隱時現。假如壞天氣讓患者心理上產生了微妙的變化，繼而影響了痛感呢？這不是沒有可能的，就好比說，一個人知道自己坐北朝南，因此心浮氣躁，大失水準，結果就真的愈打愈難了。

歸根到底，人的心理是這個世界上最複雜的東西，也是最難控制的實驗條件之一。一旦涉及心理學，任何問題都會立刻變得琢磨不定了。

說了半天，到底關節炎是怎樣產生的呢？事實上，大部分關節炎都是由於人體自身的免疫系統錯誤地把關節當做外來物質，加以攻擊所造成的。這種攻擊損壞了關節附近的軟骨組織，增加關節之間的摩擦，造成了關節損傷，引起痛感。現代醫學還不能完全解釋這種「自身免疫病」的發病機制，但有一點可以肯定，那就是一旦得了關節炎，人體內的免疫系統便會時刻處於興奮狀態，其結果便是關節腫大僵硬，人會感覺疲勞、不舒服、心神不安，嚴重的還會引發低燒、出疹子。這些都是免疫系統處於高度戒備狀態下，人的正常反應。也許這就是為什麼，很多關節炎患者會覺得陰冷潮濕的天氣增加了痛感，因為壞天氣本身，就足以讓人感覺不舒服，屬於雪上加霜。而熱帶地區溫暖的陽光，肯定會讓人心情舒暢，得病的關節自然也就會感覺好一些了。

所以說，即使將來醫學證明關節炎和天氣無關，冬天的時候，大家肯定還是喜歡去南方度假。無論關節的痛感是否減輕了，心情愉快總是件好事。只是別忘了隨身帶上點非類固醇消炎止痛藥，比如阿斯匹靈或者布洛芬，它們雖然不能根治關節炎，卻是控制病情最有效也是最便宜的藥物。

知道愈多，死得愈快？

對某些疾病的大規模篩檢，會導致「過度診斷」，得不償失。

只要活得足夠長，都會得前列腺癌

有一位哈爾濱老人住院六十七天，花了五百多萬元醫藥費，其中包括了大量的化驗項目，僅血糖就化驗了五百六十三次，平均每天九次。當然這不是正常現象，但現在去醫院看病，確實愈來愈貴了。醫生尤其喜歡讓病人做各種化驗，對病人的身體狀況知道得愈多愈好，這難道有錯嗎？還別說，一項篩檢前列腺癌的常規化驗，近年來受到了科學家的挑戰。

史丹佛大學的泌尿學專家湯瑪斯·斯塔美在《泌尿學雜誌》上發表了一篇調查報告，指出用來篩檢前列腺癌的PSA化驗很不可靠。這個PSA就是「前列腺特異性抗原」。大約在二十年前的時候，美國科學家提出人體血液中的PSA含量，可以作為前列腺癌的診斷標準。這個試驗曾經被認為是一項革命性的新發明，因為以前只能依靠醫生用手指，插進病人直腸觸摸的方法，一來很不可靠，二來很多病人也不願意做。

ＰＳＡ化驗在美國的普及得益於明星們的宣傳。美國前將軍施瓦茨科普夫和紐約前市長朱利安尼，都是透過ＰＳＡ篩檢，而被檢測出前列腺癌的，他們在電視上以身說法，把很多中老年男性說進了醫院的泌尿科。但是，斯塔美博士卻在那篇引起轟動的調查報告中指出，ＰＳＡ水準與前列腺癌關係不大。他檢查了一千三百個病人的前列腺，發現ＰＳＡ水準會隨著年齡的增長而升高，與癌變無關。

那麼，為什麼ＰＳＡ水準高的病人，做前列腺活組織切片時，發現了很高比率的前列腺癌變呢？斯塔美認為這只是一種巧合，因為前列腺癌在中老年男性中的發病率實在太高，其發病百分比基本上和年齡相當，也就是說，六十歲的男性發病率大約是60％。任何男人只要活得足夠長，都會得前列腺癌。

這篇報告引發了美國醫學界的一場大辯論，至今方興未艾。反對斯塔美的人認為，前列腺癌是美國成年男性的一大死因，每年都要奪去三萬人的生命。雖然ＰＳＡ檢測可靠性存在爭議，但是可以用活組織切片的辦法進行複查，提高檢測的準確性。支援斯塔美的人則認為在很多情況下，去做ＰＳＡ化驗只會把事情弄得更糟，因為ＰＳＡ化驗會產生大量的「假陽性」結果，讓受試者產生不必要的恐懼。活組織切片檢測法不但會引發感染，還會產生很多不必要的副作用。他們甚至認為，多數前列腺癌根本不必治療，因為前列腺癌的死亡率很低，很多人都是帶著前列腺癌死的，而不是死於前列腺癌。治療前列腺癌目前採用的手術切除法和放射性療法，都會產生很多副作用，比如尿失禁和陽痿，這些副作用極大地降低了病人的生活品質，產生的危害要大於前列腺癌，實在是得不償失。

如果說這個說法是正確的，不就等於說，病人對自己的身體狀況知道得愈多，愈不利嗎？美國華裔泌尿學專家格雷斯．盧—姚認為如果單就前列腺癌而言，這個說法確實是正確的。她在二〇〇五年十月接受《華盛頓觀察》採訪時說：「一個有生之年內不可能表現出前列腺癌症狀的人，通過ＰＳＡ篩檢，卻被定性為前列腺癌症患者，並接受了沒有必要的治療，這就叫做『過度診斷』。」

得病的人往往先死於其他疾病

美國國立癌症研究所做的一項大規模實驗顯示，接受ＰＳＡ篩檢的人並不比沒有接受檢測的人壽命更長。也就是說，ＰＳＡ化驗雖然讓不少人檢測出了前列腺癌，卻沒能相應提高受試人的壽命。美國每年通過ＰＳＡ等手段檢測出的前列腺癌患者，大約有二十萬人，其中至少80％的患者年齡超過了六十五歲。而在這些老人當中，80％的前列腺癌患者並不會死於前列腺癌，而化療和手術等治療手段，卻會縮短他們的壽命。

這一奇怪的現象與前列腺癌的特殊性，有直接的關係，因為大多數前列腺癌生長極為緩慢，得病的人往往先死於其他疾病。與此相比，乳腺癌的大規模篩檢，卻已經被證明能夠延長受檢者的生命，因此這項篩檢是沒有任何爭議的。由此可見，前列腺癌篩檢的關鍵問題是，如何提高檢測的準確性，以及如何判斷何種前列腺癌會加速生長，從而引起擴散。如果癌細胞只在前列腺內緩慢生長，對人的危害非常有限，根本沒有必要進行治療。美國最大的醫療保險機構「凱薩・帕馬耐特」建議，五十到七十歲的男性可以有選擇地進行ＰＳＡ篩檢，其他年齡段的白人男性除非有家族史，沒有必要去做前列腺癌的檢查。

亞洲男性的前列腺癌發病率，雖然在近年有所增長，但總體來說比白人和黑人要低。因此中國一直未做大規模篩檢。格雷斯・盧─姚認為這可以說是「因禍得福」，因為中國男性預期壽命比美國短，如果做大規模篩檢，會導致更多的「過度診斷」，反而得不償失；如果再遇上一家黑心醫院，還可能讓你傾家蕩產。

買副好耳機，有差嗎？

隨身聽正把一代音樂愛好者變成聾子。

搖滾音樂家其實都有不同程度的重聽？

相信很多人都曾挑選過MP3播放機送給心愛的人，尤其是iPod，簡直就是新一代時髦青年的身份證。可是，醫學研究顯示，愈來愈普及的隨身聽正在把這一代音樂愛好者變成聾子，你送給朋友的那台iPod，說不定會讓他聽不清你說的情話了。

美國聾學會提供的數字顯示，目前美國有兩千八百萬人有不同程度的聽力缺失，到二〇三〇年的時候，這個數字可能會高達七千八百萬人。在過去的這二十幾年裡，環境雜訊以每十年增加一倍的速度遞增，而搖滾樂的出現，尤其是隨身聽被發明出來之後，音樂愛好者的耳朵便遭受了史無前例的轟炸。最極端的例子當然是那些搖滾音樂家，The Who樂隊吉他手皮特・湯森、「披頭四」製作人喬治・馬丁、著名搖滾歌手史汀，和尼爾・楊等人，都患有不同程度的聽力喪失，菲爾・考林斯更是因為聽力下降，不得不放棄音樂製作人的工作，因為他調出來的低音總是過重。

醫學上對這種現象有一個專用名詞，叫做「噪音導致的聽力損傷」（NIHL）。關於NIHL的研究，過去幾十年裡一直進展不大，直到近些年積累了大量遺傳變異的實驗老鼠之後，才有了突破性發現。研究顯示，NIHL的發病部位不是中耳的鼓膜，而是內耳的耳蝸。這是一個類似蝸牛的小器官，裡面長著無數類似纖毛的聽覺細胞，高強度聲音刺激會破壞纖毛結構，導致耳鳴或者失聰。剛剛聽完一場搖滾音樂會的人，都應該經歷過這種感覺。

但是，大多數人回家睡一覺後，就會恢復到近似於正常的水準，因為聽覺細胞和人體其他細胞一樣，具有自我修復能力。事實上，美國科學家發現，只要不是永久性損傷，人耳蝸中的聽覺纖毛細胞，在四十八小時內，就可以恢復正常。但是，如果聲音刺激過於強烈，或者持續時間過長，損傷便不可逆轉了，這就是為什麼，美國醫生們告誡搖滾歌迷們說：聽完音樂會的第二天，不要立刻去操縱割草機，應該給耳朵充分的時間自我恢復。

同樣，聽覺細胞恢復的過程，需要血液提供大量養分，因此醫生們還會勸說人們不要抽菸，不要吃油膩食品，因為它們都會降低血液流通的效率。可惜的是，很少有搖滾音樂家不抽菸的，他們也很少能夠讓自己的耳朵獲得長時間休息，難怪耳聾成了音樂家的職業病。好在他們聽的是音樂，不是工業噪音，心情愉快能夠保證血液流通順暢，因此音樂對耳朵造成的傷害，比同樣分貝數的噪音要小得多。

近年來，透過對不同遺傳背景的小鼠，進行的聽力損傷實驗，科學家還發現，氧化自由基嚴重阻礙了聽覺細胞恢復。已知線粒體在生產能量時，會產生自由基，而凡是那些線粒體天生不健全（因此自由基大量洩漏到線粒體外面）的小鼠，都對噪音十分敏感，容易患上NIHL。基於這一發現，一批旨在預防NIHL的藥物，正在進入臨床實驗階段，比如抗氧化劑M-甲硫氨酸、乙醯L型肉毒城和乙醯N型半胱氨酸等，動物實驗顯示預先服用這類藥物後，動物的抗噪音能力都有了顯著提高。

好耳機，原來對聽力幫助這麼大！

不過，目前市場上還沒有任何一種預防或者治療NIHL的藥物，得到美國FDA的批准，所以防病還得土法煉鋼：那就是盡量少接觸高分貝的聲音。有一則中國醫生撰寫的健康小常識上說，預防NIHL的辦法是，盡量不用耳機聽音樂，如果非聽的話，就聽古典音樂。這個法子未免極端了些。其實，搖滾樂是可以聽的，只要不超過一定的限度。美國的一個耳科機構列了一份名單，詳細列出了不同分貝，可以持續的時間。八十五分貝是八小時，一百分貝是十五分鐘，一〇五分貝則是四分鐘，也就是說每增高三分貝，時間要減半。一般情況下，繁華鬧市區是八十五分貝，一百分貝則是用耳機播放搖滾樂的中間音量，也是歐洲規定的耳機音量上限。美國和中國因為沒有這樣的法規，因此在這兩個國家出售的iPod耳機音量都比歐洲產品高。通常這種內塞式耳機音量開到60％時，可以輸出一一〇分貝的音量，按照那個組織的標準，用這樣的耳機聽音樂，只能持續一分鐘左右。雖然《滾石》雜誌引用另一位專家的建議說，一一〇分貝可以持續聽三十分鐘以上，不過這連一張專輯都沒完呢，消費者顯然無法做到如此自律。

還有什麼變通的辦法嗎？有的，那就是內塞式耳機。這種耳機有效地把環境雜訊降低了十到十五分貝，因此可以把音量減少相應的分貝數。這樣一來，對聽力的影響就大大減少了。

如果你真愛他，就請你去為他買一副好耳機吧。

減重為什麼這麼難？

因為你減重的對手是幾百萬年的演化史，其力量非常強大。

舌頭上的脂肪味蕾讓你易胖

減重難就難在控制食欲，食欲為什麼這麼難控制？並不完全是因為餓，而是因為食物實在是太好吃了。就拿味覺來說吧，人類的許多飲食習慣，尤其是吃零食的習慣，都是由於美味的誘惑，而不是營養需要。味道的產生依賴於舌頭上的味蕾，人舌頭上分布著大約一萬個味蕾，每種味蕾只負責一種味道。中國人喜歡說「五味」，也就是酸甜苦辣鹹。可是直到目前為止，科學家並不認為辣屬於味道的範疇，而是把它看做一種強烈的刺激而已。近年來，有一種新的味蕾被鑒定出來了，這就是「鮮」，味精就是一種典型的「鮮味」物質。因此，被科學家承認的五味是酸甜苦鹹香。

二〇〇五年十一月，法國科學家又發現了一種新味蕾，專門用來感受脂肪的味道。其實很早就有人提出舌頭上存在脂肪味蕾的假說，但是一直沒有確鑿的證據。法國勃艮地大學營養學家菲力浦・貝斯納德（Philippe Besnard）和他領導的研究小組，成功地培育出一種帶有遺傳缺陷的老鼠，其編碼CD36蛋白質的基因，被人為地去掉了。這種蛋白質普遍存在於很多種組織之中，在舌頭表面就有大量的CD36蛋白質存在。

貝斯納德比較了正常老鼠，與這種經過基因改造後的老鼠的飲食習慣，他發現沒有CD36蛋白質的老鼠，對脂肪食品根本不感興趣，而普通老鼠都是見了脂肪就沒命的饞鬼。更為奇妙的是，普通老鼠只要一嚐到脂肪的滋味，胃裡就會立即開始分泌脂肪消化液，小腸也會立即開始為即將到來的脂肪，做好吸收的準備工作。而缺少了CD36蛋白質的老鼠，則根本沒有這種反應，顯示CD36與老鼠的脂肪代謝，有著密切的關係。

老鼠的味覺系統和人類的基本相同，因此貝斯納德推測，人類的舌頭上也有類似的脂肪味蕾，負責讓人類喜歡上含有脂肪的食物，並啟動人類的脂肪代謝。眾所周知，脂肪是所有食品中，熱含量最高的一種，同樣重量下，脂肪的熱含量大約是澱粉的兩倍。因此，食用脂肪對於那些總是處於飢餓狀態的野生老鼠來說，是一種事半功倍的勞動，當然要提倡。可是對於生活在發達國家的人來說，對脂肪的渴求，卻帶來了顯著的副作用。貝斯納德相信，如果將來科學家搞清了CD36的作用機制，就可以生產出抑止CD36的藥物，或者生產出專門刺激CD36的「假脂肪」。那時減重就會變得容易起來，人們可以天天吃這種美味的「假脂肪」，卻不會發胖。

和本能對抗，你怎麼贏得了？

這個例子告訴我們，人類的許多生理功能，都是在多年艱苦的野外生活中演化而來的，而人類社會進入工業化的時間其實很短，因此這些生理功能暫時無法適應新時代的要求。比如，味覺的產生，對於早期茹毛飲血的原始人來說十分重要，酸和鹹的感覺和體液平衡很有關係，因此過量的酸和鹹都會帶來不愉快的感覺。苦味的食物大多數都是有毒的，因此基本上屬於一種討厭的味道。甜則代表了糖分，這是人類獲取熱量的最主要的來源，一定要鼓勵，因此甜味在大多數情況下，都是一種好味道。而鮮味就是蛋白質的味道，當然屬於好味道。人類對甜味和鮮味都是來者不拒，就是因為糖和蛋白質都是生存必需品，一定要多多儲存。

還有一個類似的例子就是糖尿病。美洲印第安人群中，糖尿病的發病率一直很高，比如一個名叫「皮瑪」（Pima）的印第安部落，其成員的糖尿病發病率高達50%以上，而且幾乎所有的糖尿病人都是胖子。歷史資料顯示，過去皮瑪族人很少得糖尿病，這是一種典型的「現代病」。一九六二年，一個名叫詹姆斯・尼爾（James Neel）的遺傳學家，提出了一種「節儉基因」理論，該理論認為，皮瑪印第安人過去一直是靠天吃飯，他們經常要處於很長時間吃不到東西的情況。因此他們演化出一種比較極端的代謝方式，儲存脂肪的能力特別強。分析研究顯示，十九世紀時，他們的食物中只有15%是脂肪，而目前他們的食物中有高達40%的熱量來自脂肪，他們的新陳代謝完全不能適應這種突發的情況，於是就造成了糖尿病的高發病率。

對於世界上大多數地方的人類而言，生存條件的變化有一個漫長的過程，因此我們比皮瑪人要適應得更好一些。不過，人類仍然需要面對新時代帶來的新問題，食物過量就是其中最明顯的一個。減重為什麼這麼難？因為你是在和本能抗衡，或者換句話說，你的對手是幾百萬年的演化史，其力量是非常強大的。

戒菸其實是以毒攻毒？

一種非尼古丁戒菸藥讓你感覺不到吸菸的好處。

吸菸讓人早死，但是戒菸卻讓人頭疼、煩躁、食欲增加

吸菸的危害不用多說了吧？只舉一個例子：二〇〇〇年，世界衛生組織發表的一份報告指出，全球超過十二億菸民中，將有一半人死於吸菸引起的各種疾病，包括癌症和心血管病變。這個數字的背後，有大量的實驗資料作為支援，可你有什麼證據證明你屬於另一半呢？沒有的話，那就戒菸吧，除非你想早死。

但是對於很多菸民來說，死亡的威脅還很遙遠，戒菸引起的頭疼、煩躁、食欲增加（發胖）倒是迫在眉睫。其實這種反應跟戒毒沒有任何區別，因為香菸就是世界上使用最廣的毒品。有人認為，香菸直到現在還沒有被法律禁止，說明其危害不大，這個說法是完全錯誤的。事實上，香菸的成癮性一點也不比古柯鹼或者海洛因差。不但如此，香菸裡還含有三千多種化學物質，很多都是致癌的。香菸的主要成

分——尼古丁對人體的毒性，比古柯鹼大二十倍，只不過吸菸時，大部分尼古丁都被燒掉了，真正被人體吸收的很少。

這少量被吸收的尼古丁，在短時間內對人體是有好處的。比如，研究證實，少量尼古丁可以增強記憶力，使人興奮，甚至對阿茲海默症有治療作用。更重要的是，尼古丁能夠結合細胞表面的乙醯膽鹼受體，結合了尼古丁的受體，能夠促使相關細胞分泌多巴胺（Dopamine）。多巴胺可是個好東西，它能使人產生愉悅感。事實上，人的許多欲望，比如食欲和性欲，最後都是透過多巴胺來滿足的。比如說，當人在吃飯或者性交的時候，腦細胞便開始分泌多巴胺，刺激相關神經中樞，使人產生愉悅感，這樣人才會有動力繼續做下去。所以說多巴胺就是人腦的「糖塊」。

古柯鹼這類毒品能夠刺激人體產生多巴胺，這就是為什麼它們能使人上癮的主要原因。尼古丁在這一點上和古柯鹼不相上下，它的成癮機制和毒品是一樣的。戒菸和戒毒一樣，都會降低多巴胺的分泌，也就等於不給大腦吃糖了，大腦當然就要罷工。戒菸的主要辦法就是逐漸降低尼古丁的攝入量，讓人體慢慢適應這種變化，最終完全根除大腦對尼古丁的依賴。但這一過程往往是很痛苦的，戒菸者經常會反覆，所以他們才會自嘲地說：戒菸是世界上最容易的事，我每天戒一次！

魔高一尺，道高一丈。醫生們想出了一個以毒攻毒的辦法，那就是人為補充尼古丁，以維持人體內多巴胺的水準。因為香菸的主要危害在於焦油，和其他一些致癌物質，而尼古丁則已被證明不會增加癌症的發病率。現在市場上絕大多數戒菸藥，都是這個原理，比如戒菸貼，其成分就是尼古丁。

修正錯誤的以毒攻毒2.0版

但是，這種辦法顯然是治標不治本，而且容易讓人產生新的依賴性。另外，戒菸之人經常會被一根香菸所誘惑，以至於前功盡棄。

二〇〇六年五月十一日，從美國傳來了一個令人振奮的好消息。第一種非尼古丁類的戒菸藥通過了ＦＤＡ鑒定，即將投放市場（以前曾經有一種非尼古丁藥物被用作戒菸藥，但它本來是作為抗憂鬱症藥物被開發出來的，戒菸只是其副作用）。這種藥由輝瑞製藥廠研製成功，商品名稱叫做Chantix，其主要成分為Varenicline。這種小分子化合物有一個寶貴的特點，它可以和尼古丁相互競爭乙醯膽鹼受體。一旦Varenicline打敗了尼古丁，結合到受體上之後，其誘導出來的多巴胺，卻比尼古丁誘導出來的水準要低，因此藥理學上把這類藥物叫做「部分激動藥」（Partial

Agonist），意思是說，它所產生的激動作用比「正常情況」要低一些。

別小看了這個特點，它解決了戒菸過程中的兩個難題。首先，尼古丁戒菸貼所誘導的多巴胺分泌水準和吸菸是一樣的，為了防止體內多巴胺水準過高，吸菸者必須自己控制藥貼的使用量，但是這就需要毅力了，使用Varenicline則不用擔心戒菸者體內的多巴胺過量。第二，也是最重要的一點，那就是Varenicline占據了原本應該由尼古丁占據的位置，因此，當戒菸者忍不住偶爾吸了一支菸時，尼古丁已經沒有多少受體可以結合了，於是戒菸者不再能夠體會到香菸帶來的好處，再戒起來就容易多了。

如果說尼古丁戒菸貼是以毒攻毒的話，那麼Varenicline則是以毒攻毒2.0版，兩者的原理相當類似，但新版本修正了很多錯誤。臨床試驗也顯示，Vareniclire的效果確實好於尼古丁戒菸貼，ＦＤＡ公布的資料顯示，Varenicline比安慰劑的成功率要高出將近兩倍，比現在市場上的戒菸藥也要高出50％。難怪ＦＤＡ加快了對這種藥的審批過程，因為吸菸的危害實在是太大了。

幹細胞也會變壞

給我一個幹細胞，我能造出一個完整的生命。

細胞的利害也有分名次

讀過武俠小說的人都知道，一個人的武功從他第一次出現開始，就很少再發生變化，否則讀者會被搞混，所以武俠小說特別喜歡按照武功高低排名次，排名第二的英雄好漢，無論怎麼勤學苦練，永遠也打不過排名第一的那個高僧。

細胞也是這樣。不同細胞的分裂能力是不一樣的，科學家完全可以按照分裂能力的高低，給細胞排名次。排名最低的，是那些已經分化好了的功能細胞，比如紅血球和腦細胞等，它們已經完全失去了分裂能力，就像武俠小說中的那些匪兵甲和店小二，雖然誰都打不過，但少了他也不行。其次是一些前體細胞，它們有一定的分裂能力，那些功能細胞都是由這些前體細胞分裂得來的。它們就好像是武俠小說中的英雄和俠客，已經排好了名次，能分裂成的功能細胞的種類愈多，排名就愈高。

但是，這些前體細胞的分裂能力是有限的。具有無限分裂能力的只有幹細胞。它們是真正的武林至尊，能夠永遠不停地分裂出所有類型的前體細胞。換句話說，只要給我一個幹細胞，我就能造出一群細胞或者一個器官，乃至一個完整的生命。

比如，哺乳動物血液和淋巴液中的所有細胞，全部來自一個共同的祖先——造血幹細胞（HSC）。如果有人寫一本有關血液的武俠小說，那麼造血幹細胞就是武功最高的那個老僧。老僧總是住在寺廟裡，不輕易出來走江湖，造血幹細胞也是一樣，一生都躲在堅硬的宮殿——骨髓裡，周圍還有一群貼身侍從，形影不離。這些侍從名叫「基質細胞」（Stromal Cells），它們為造血幹細胞營造了一個與世隔絕的「微環境」，所有外來的資訊，包括指導幹細胞開始分裂的指令，都要透過這個微環境，才能到達幹細胞。

武俠小說中，高僧下山，總是會引起一場腥風血雨，細胞世界也是一樣。如果造血幹細胞變壞了，或者它私自從微環境中跑了出來，其結果就是血癌，也就是白血病。

其實，從表面上看，癌細胞和幹細胞是很相似的，它們都是一群具有無限繁殖能力的未分化細胞。事實上，當初就是因為癌症研究的需要，科學家才投入了大量的精力研究幹細胞。經過五十多年的研究，科學家對幹細胞的了解愈來愈深刻，反過來也為抗癌研究，提供了新的思路。以前醫生都認為，任何癌細胞都可以繼續分裂，變成新的惡性腫瘤，於是大多數治癌手段，都以殺死更多的癌細胞為目的。可是，新的研究發現，癌細胞並不都是萬能的，它們和其他正常細胞一樣，也有固定的等級制度，只有少數細胞才有繼續分裂成新腫瘤的能力，科學家把它們叫做「癌幹細胞」。

幹細胞怎麼變成癌幹細胞？

愈來愈多的證據顯示，大部分「癌幹細胞」都是由於正常的幹細胞「變壞」造成的。幹細胞雖然數量很少（造血幹細胞只占骨髓內細胞總數的千分之零點一），但它們壽命很長，任何微小的基因突變都會被保留下來，並隨著年齡的增長，而愈積愈多，直到這些累積的突變，讓幹細胞失去了自我克制的能力，或者擺脫了微環境對它的約束力，這個幹細胞就變成了「癌幹細胞」，並開始不顧一切地瘋狂分裂，形成惡性腫瘤。

這個假說其實在四十多年前，就被提出來了，但科學家一直找不到合適的實驗方法和實驗對象。直到上世紀七〇年代，流式細胞儀（Flow Cytometer）被發明出來，科學家終於能夠把不同特點的細胞，大批量地分離開來，單獨進行研究。多倫多大學的科學家用這種方法，成功地把從人身上提取的幹細胞，移植到小鼠體內，並以小鼠為實驗對象，鑒定出造成白血病的「癌幹細胞」。之後，許多不同種類的癌幹細胞被鑒定出來，它們都能夠在小鼠體內長成完整的腫瘤，其細胞成分與病人體內的腫瘤組織完全一致。至此，「癌幹細胞」理論終於得到了大多數科學家的認同。

這個理論對抗癌有重要的指導意義。比如，評價化療的效果，不能只看腫瘤體積縮小的程度，如果化療法不能殺死「癌幹細胞」，就不能從根本上治好癌症。但是，幹細胞不能從外表上加以判斷，必須開發出更加有效的鑒別方法，才能設計出針對它們的藥物，並即時監督治療的效果。

由此可見，幹細胞研究絕對不能因為個別「事故」就終止，這個領域實在是一個金礦，許多寶藏有待挖掘。

這個案例還告訴我們，多年的生物演化所確立的細胞等級制度，不能輕易打破。這就好比武俠小說中的英雄排名次，還是固定下來的好，否則作者寫著寫著就會寫糊塗了。

禿頭問題永遠無解嗎？

在醫生看來，男人禿頭根本就不是一種病。

禿頭偏方全都沒用?!

二〇〇六年世界盃決賽後，人們議論最多的恐怕就是席丹的頭。當把義大利後衛馬特拉齊的話刊登出來之後，大家對待席丹的態度立刻一八〇度轉彎，紛紛稱讚他「是個男人」。

席丹可不是一個普通的男人，他是個禿頭的男人。西方民間故事裡早就說過，禿頭的男人不但性欲強，而且好戰，更符合男性特徵。這個傳說據說來自古希臘著名的醫生，被稱為「醫學之父」的希波克拉底，他注意到波斯軍隊中的閹人，都不會禿頭，便得出結論說，禿頭的男人肯定更加「男性」。

這個結論用在喬丹身上倒真合適，他不但打球勇猛，而且性格剛毅，當他發現自己禿頭之後，便毅然決然地剃了個光頭（戴著假髮打籃球也不太合適）。後來阿格西、貫霸和巴克利等球星都跟著學，歪打誤撞地掀起了一股新的時尚風潮。現在就連不禿的男人，都喜歡剃光頭了。

可惜，女人還是不喜歡禿頭男人，於是男人便想盡辦法，遮掩他們日漸稀疏的頭髮。治療禿頭的民間偏方很多，最常見的說法是：禿頭是因為局部血液循環不良造成的，於是便有人嘗試倒立，或者每天揉搓頭皮。那個古希臘名醫希波克拉底，推薦用鴿子屎熱敷（幸虧他沒有推薦閹割法），而另一個哲學家亞里斯多德則喜歡用公羊尿。埃及豔后曾經用碾碎的馬牙齒和鹿骨髓，敷在凱薩的頭上，結果凱薩大帝還是禿了，只好用月桂樹枝做成花環，戴在頭上遮醜，不知道「桂冠詩人」這個詞是不是來自於他。

其實，現代科學已經證明，那些偏方都沒用。「男人型禿頭」的主要原因是雄性激素過多。原來，人大約有十萬個毛囊，每個毛囊都有自己的生長週期，一般長個三到五年就會休息一段時間，然後再重新開始長頭髮。控制毛囊生長週期的機制，還沒有完全搞清，但是一種名叫雙氫睾酮（DHT）的男性激素，卻能夠阻止休眠的毛囊重新「發芽」，在DHT的作用下，毛囊的工作時間縮短，休眠時間增長，結果就是處於生長期的毛囊愈來愈少。不但如此，DHT還會讓毛囊縮小，長出來的新毛愈來愈細，愈來愈軟，這就是為什麼禿頭的男人頭上，還會發現一層細毛的原因。

DHT是睪丸酮（Testosterone）的代謝產物，比前者效力更強大。睪丸酮需要5-α-還原酶的催化才能變成DHT，因此如果能抑止這種酶的活性，就能減緩禿頭的速度。事實上，目前被證明最有效的治療禿頭的藥物Propecia，就是透過抑止5-α-還原酶，來實現其功能的。這是目前很少的幾種被FDA批准上市的治療禿頭藥，試驗顯示這種藥的有效率高83%，也就是說有五分之四的男人，在服用了Propecia之後，禿頭的速度明顯降低。

不過，Propecia必須長期服用，一旦停藥，頭髮就會接著脫落。不但如此，此藥的瓶子外面白紙黑字寫著它的副作用：可能會降低性欲，也可能造成男性乳房增大。

寄望毛囊幹細胞？

其實，禿頭在醫生看來根本不是病，男人禿頭什麼問題也說明不了。生產Propecia的廠家肯定恨死了席丹，他們可不願看到那麼多禿頭男人，在綠茵場上叱吒風雲，改變女人的審美觀。不過，足球場上能看到勇猛的席丹，也能看到理智的光頭裁判寇里納，禿頭並不能說明他的性格或者性能力有什麼不同。邁阿密大學的科學家曾經測量過，禿頭男人頭皮脂肪組織的DHT受體含量，發現他們比正常人多兩倍。也就是說，他們的毛囊組織對於DHT更敏感，僅此而已。為了改變形象，而冒如此大的風險，實在是不值。

萬一有人還是過不去這一關怎麼辦？建議他們還是等一等，因為負責生產毛囊的幹細胞，已經被找到了。二〇〇四年，洛克菲勒大學的科學家伊蘭・福克斯，在小鼠身上找到了毛囊幹細胞，並成功地把這些幹細胞移植到一種無毛鼠的皮膚上，結果這些幹細胞成功地發育，成為完整的毛囊，並長出了毛髮。二〇〇五年底，一個瑞士的研究小組在《美國國家科學院院報》（PNAS）上，發表文章說，他們成功地證明了這些幹細胞是真正的全能幹細胞。他們把幹細胞做了標記，然後在體外培育了一百四十代，再移植到無毛鼠身上，結果新長出來的毛囊，全部都帶有這個標記，顯示幹細胞完全自主地形成了毛囊的所有（八種）組成部分。

科學界樂觀地認為，幹細胞技術能夠徹底地解決男人的禿頭問題，不過目前還有一些技術問題有待完善，男人們至少還得再等幾年。可是，一些俄羅斯的美容院等不及了，他們開始在客人身上做幹細胞移植，結果一些人的免疫系統出了問題，甚至長出了腫瘤。畢竟幹細胞潛力巨大，不加控制的話，肯定出事。

還好，舒夫真高（烏克蘭足球員）也剃掉了一頭捲髮，改禿頭作風了。但願俄國的禿頭男人們改變心態，別拿自己的生命開玩笑。

有什麼吃什麼，吃什麼是什麼，是什麼吃什麼

同樣的食物會因食者遺傳特性不同，產生不同的效果。

吃跟歐美人一樣的食物，真的能跟他們一樣高壯嗎？

最近，正率隊在歐洲訓練比賽的中國男籃主教練尤納斯，寫了一篇《九問中國籃球》，第一條就是質問籃協的官員，為什麼不強迫隊員吃當地的新鮮肉和蔬菜，反而把一箱箱速食麵和榨菜堂而皇之地運出國去。尤納斯甚至把中國籃球隊員的體能缺乏，歸罪於不科學的飲食習慣。

問題真的有那麼嚴重嗎？

先說榨菜。醃製食品富含亞硝酸鹽，這是不爭的事實。科學家早就證明，亞硝酸鹽能和人的血液發生化學反應，生成高鐵血紅蛋白，降低血液攜帶氧氣的能力。如果運動員身體裡流動著的，都是缺乏氧氣的血，他還怎麼有勁奔跑？再說速食麵。都知道速食麵好吃，但裡面的營養成分除了澱粉就是脂肪，吃飽倒是不成問

題，但缺少蛋白質。學過生物化學的人都知道，蛋白質是無法從澱粉和脂肪中生成的，因為組成蛋白質的二十種氨基酸當中，有八種無法自己合成，只能從食物中攝取。肌肉的主要成分就是蛋白質，中國運動員的身材大都是竹竿型，缺乏肌肉，主要原因就是飲食不科學，蛋白質攝入量不夠。

歐美人普遍比亞洲人壯，其中一個重要原因，就是飲食結構不同。美國的媽媽們最喜歡用一句話勸導孩子：You are what you eat。大致意思就是：吃啥是啥。這當然不是說，吃豬肉將來就變豬，而是說多吃肉，就能多長肉。相比之下，很多中國人還停留在「有啥吃啥」的時代。其實，要想身體健康，不僅要吃飽，而且要吃好。

不過，近年來人家的口號已經悄悄改變，從「吃啥是啥」變成了「是啥吃啥」。具體來說，就是根據一個人的基因組成，選擇合適的食物。最近歐美生物學界有一個新詞頗為流行，叫做「基因營養學」（Nutrigenomics），研究的就是這個問題。舉個最簡單的例子：乳製品中含有大量的乳糖，需要乳糖酶才能消化。亞洲人體內普遍缺乏這種酶，所以會有很多人一喝牛奶就拉肚子。如果中國男籃的隊員們，盲目學習ＮＢＡ球員天天吃乳酪，估計會有很多人不適應，還不如讓他們去吃速食麵呢。

一樣的食物，吃的人種不同，效果大不同？

從這個例子可以看出，同樣的食物會因為食用者的遺傳特性不同，而產生不同的效果。當然了，這個例子過於簡單，如今的基因營養學家們研究的，都是比乳糖代謝更加複雜、更加隱密的問題。比如，美國加州大學大衛斯分校的吉姆•卡普特教授，研究過人類的GPDH基因，他發現有一定比例的美國人的基因組內，帶有一個變異了的GPDH基因。這個基因編碼一種酶，幫助細胞將糖轉化為能量。此酶需要煙酸（即維生素B3）才能正常工作，而變異了的GPDH所產生的酶，不能很好地利用煙酸，影響了能量轉換的效率。這個變異說起來似乎很嚴重，其實防治起來一點也不困難，只要多吃一些綠葉蔬菜和肉，或者乾脆定量服用特殊的維生素藥片就可以了。也許中國國家隊中有的隊員就帶有這個變異，真是這樣的話，光吃速食麵可就不行了。

假如國家隊需要調查一下誰帶有這個變異，只需測一下他們體內相關基因的DNA順序就行了。這種變異叫做「單核苷酸多態性」變異，英文叫SNP。顧名思義，這是指DNA序列中，單個核苷酸位置上產生的變異，專家估計人類基因組中有十五萬到三十萬個這樣的微小變異，就因為它們的存在，世界上才不會有任何兩個人是相同的。也正是因為如此，每個人需要的食物也是不同的。美國塔夫茨大學的科學家荷塞・奧多瓦斯，就曾研究過人類心血管疾病與SNP之間的關係，他發現，具有某類SNP變異的人，在吃了飽和脂肪含量過低的食物後，其體內的膽固醇含量反而會上升。如果這些人按照營養師的推薦，一味強調低脂飲食，反倒會增加患心血管疾病的可能性。

難怪尤納斯發這麼大的脾氣。人家都已經進入「是啥吃啥」的時代了，我們的國家隊居然還在依靠速食麵打天下。建議尤納斯趕緊去檢查一下自己的「血管收縮素原」（Angiotensinogen）基因，是否帶有某種SNP變異，因為這種變異，會讓他對食物中的鹽分更加敏感，患高血壓的機會比正常人高。萬一尤納斯忍不住香味的誘惑，吃了籃管中心帶過去的速食麵，再遇上國家隊輸球，一著急，得了高血壓，可就不划算了。

曬太陽是致癌，還是防癌？

我們的祖先習慣了不穿衣服在熱帶的陽光下四處亂跑，我們的身體就是按照這個樣子構建的。

維生素D真的可以抗癌？

一九〇六年，英國生化學家弗雷德里克・霍普金斯，發表了一篇劃時代的論文，指出食物中不能僅僅含有碳水化合物和蛋白質，還必須包括一些含量微小的物質，也就是後來人們所說的維生素。

一百年後，維生素又成了熱門話題。二〇〇六年上半年，至少有四篇關於維生素D的論文，發表在國際科技期刊上，它們關心的是同一個問題：維生素D是否可以抗癌？它們的結果也都是相同的：維生素D可以降低前列腺癌、肺癌、結腸癌和皮膚癌的發病率。二〇〇五年還有幾篇論文指出，維生素D具有防治高血壓、糖尿病和多發性硬化症的功效。

且慢！維生素D不就是專門給老年人服用，以防止骨質疏鬆的嗎？怎麼還能抗癌？的確，維生素D最重要的功能，就是幫助人體吸收鈣，強化骨骼，防止小孩得軟骨病，因此世界衛生組織建議，牛奶中應該適量添加維生素D。可是，研究發現，維生素D並不是典型的維生素，而是一種激素的前體，它能夠像激素那樣，調節多種細胞的生理功能。因此，有人甚至建議取消維生素D的「素籍」，把它歸到激素裡面去。

還有一個原因讓維生素D顯得十分特殊，那就是人體完全可以不必從食物中吸收它，只需要每天曬曬太陽就可以了，陽光中的紫外線，可以把皮膚內的　種化學物質，轉變成維生素D，轉化量的多少取決於陽光的強度、膚色的深淺，以及年齡。一般說來，陽光愈強、膚色愈淺、年紀愈輕，轉化率就愈高，這就是為什麼老人、黑人和高緯度地區的居民，需要補充維生素D的原因。如果一個淺皮膚的人，在熱帶的陽光下曬幾個小時，就可以產生出高達兩萬國際單位的維生素D（每四十國際單位相當於一微克）。要知道，世界衛生組織推薦的每日攝取量，才僅有四百國際單位。

到底該不該曬太陽？

那麼，只要每天曬曬太陽就可以防癌了？答案並不是那麼簡單。任何一個皮膚科的醫生都會告訴你，太陽不宜多曬，會得皮膚癌。不過，哈佛大學營養學系教授愛德華・吉奧瓦尼奇，透過幾年的調查研究得出結論：每出現一個因為曬太陽而死於皮膚癌的人，就會有三十個人因為曬太陽而免於其他癌症。「我敢擔保，沒有任何一種營養元素，或者任何其他因素，能像維生素D一樣，具有如此持久而又有效的抗癌功效。」他說。

吉奧瓦尼奇教授之所以這麼肯定，是因為皮膚癌不是非常致命的癌症，可維生素D能防止肺癌等其他許多更加致命的癌症，好處大於壞處。他建議每個人每天補充一千五百國際單位的維生素D，就能顯著降低癌症發病率，而波士頓大學的生理學家麥克爾・赫里克則認為，一千國際單位就夠了。赫里克博士在三十年前，發現了維生素D的作用機制，是世界上最著名的「陽光派」。

那麼，能不能靠食物補充維生素D呢？這樣不就可以防止皮膚癌了嗎？赫里克指出，這是不可能的，因為維生素D只在富含脂肪的海鮮（比如魚肝油）中，才有較高的含量，一個人想要每天攝取一千國際單位的維生素D，必須拿鮭魚當飯吃，喝三杯牛奶，再喝一杯添加了維生素Ｄ的橙汁才行。更重要的是，維生素Ｄ能夠提高血液中的鈣含量，服用過多會影響腎功能，甚至產生腎結石。但是，透過曬太陽，來生產維生素Ｄ就不會有這樣的顧慮，因為皮膚自己生產的維生素Ｄ是Ｄ3，食品中添加的是Ｄ2，成分不同。

「其實只要每週出去二到三次，每次曬五到十分鐘的太陽就夠用了。」赫里克說，「前提是不塗防曬油。膚色較黑的人需要適當增加時間。」

有些皮膚科醫生對此並不贊同，他們指責「陽光派」科學家接受了生產「紫外線照射床」的廠家的贊助。對此指責，「陽光派」大呼冤枉，他們反過來指責，對手接受了生產維生素添加劑的廠商的贊助。事實上，許多製藥廠出錢贊助了一個名為「陽光安全聯盟」的組織，攻擊「陽光派」的結論缺乏科學根據。

其實「陽光派」也承認，他們的結論需要更多試驗資料的支援。目前的研究，僅僅是對比了血液中的維生素Ｄ含量和癌症的關係，正確的做法是選擇兩組志願者，一組曬太陽，一組不曬，然後長期跟蹤。顯然，這樣的試驗需要大量的時間和金錢，沒有任何一家製藥廠願意出錢贊助這種試驗。

「其實我就是提倡每天出去曬五分鐘太陽。」波士頓大學的另一位「陽光派」

科學家沃爾特・威賴特說：「我們的祖先習慣了不穿衣服，在熱帶的陽光下四處亂跑，我們的身體就是按照這個樣子構建的。」

維生素藥片只是安慰劑？

別再迷信維生素藥片了，它們只對某些狀況有效。

維生素藥片能延年益壽？

二〇〇七年二月二十八日，國際權威的《美國醫學會雜誌》（JAMA）發表了一篇論文，指出多種流行的維生素藥片，不但不能延長人的壽命，反而可能對人體有害。這篇論文在歐美國家引起了軒然大波，多家國際知名媒體刊登了相關報導。眾所周知，發達國家人口中，長年服用各類維生素藥片的比例很高，維生素藥片一直是各大製藥廠恆定的利潤來源。

這篇論文其實是一篇綜述，作者是來自丹麥的一個非營利研究機構的幾名科學家。他們運用了一種稱之為「元分析法」（Meta Analysis）的統計學研究方法，分析了一九九〇年至二〇〇五年發表的三百八十五篇研究報告，一共涉及六十八個隨機臨床試驗，參加人數高達二十三萬二千六百零六名，是迄今為止，該領域裡最為全面的統計學分析。

他們試圖回答一個看似簡單的問題：具有抗氧化作用的維生素藥片，到底能不能延年益壽？

說它簡單，是因為關於氧化作用的害處，目前國際醫學界基本上達成了共識。所謂「氧化作用」，指的是人體新陳代謝時的能量生成過程，這一過程必然產生一種被稱為「自由基」（Free Radical）的小分子。大量科學實驗證明，自由基能夠破壞細胞組織，加速衰老過程，增加癌症和心血管疾病的發病率。既然如此，那些能夠減少自由基的化學物質，豈不是能延年益壽？這就是很多保健品生產商的思路。於是，「自由基」這個詞，成了近年來的一個熱門詞，在Google上搜索能找出兩百萬個網頁，其中有很多都是保健品生產商的廣告。包括維生素A、C、E，硒元素，過氧歧化酶（SOD），葡萄籽提取物（OPC）等多種具有抗氧化效果的物質，都被包裝成延年益壽的靈丹妙藥，甚至還有不少德高望重的老醫生，建議大家每天服用這些維生素，減少體內的自由基。

但是，事情遠不是這麼簡單。雖然這些化合物早就被證明，具有抗氧化的作用，但氧化反應生成的自由基，並不是一無是處，它參與了很多正常的生理過程，包括細胞分裂、細胞間通訊和程式性細胞死亡（細胞該死不死，就會生癌）等等。如果某種藥物把自由基從人體中全部清除掉，那麼這個人肯定就活不成了。

複雜的人體系統只靠一顆維生素？

生命是一個複雜的過程，人體是一個系統工程，各種因素相互制約，絕不能僅憑某一個實驗資料，就擅自加以改變。比如，當年醫生們發現冠狀動脈粥樣硬化，是心臟病的罪魁禍首，於是有人提出，應該給病人服用抗凝血藥，讓血液流通順暢，這樣不就可以防止心臟缺血了嗎？臨床試驗證明，抗凝血藥確實能降低心臟病的發病率，但是服藥者患腦溢血的機率也相應增加，其結果就是，服藥者的存活率並沒有增加，抗凝血藥功過相抵。

明白了這個道理，醫生們又想出了其他辦法，抑止腦溢血的發生，這才找出了對付心臟病的辦法。從這個例子可以看出，從理論上看無懈可擊的某種藥物，在實踐中卻很可能出現某種意想不到的副作用。只有透過大規模的隨機對照試驗，才能最終確定藥物的療效。可惜的是，目前市場上公開銷售的絕大部分保健品，都沒有經過嚴格的隨機對照試驗的檢驗，而僅憑一個看似無懈可擊的概念，就敢呼攏老百姓口袋裡的錢。

再舉一個心臟病的例子。醫生們早就知道，很多心臟病人發病的原因，是冠狀動脈粥樣硬化，堵塞了通往心臟的血管。血管的堵塞物是膽固醇透過氧化反應而生成的，如果能阻止這種氧化反應的速度，不就可以降低心臟病的發病率嗎？這個方法從理論上講，似乎很合理，但是，在經過了十多年嚴格的隨機對照試驗後，美國的科學家們於二〇〇五年發布了一份研究報告，指出具有抗氧化作用的維生素C、E和β-胡蘿蔔素等，並不能降低心臟病的發病率。科學家們至今仍然沒有搞清，其中的原因到底是什麼，但美國國立衛生研究院（NIH）根據這份報告，修改了相關政策，建議美國民眾不要依賴維生素藥片防止心臟病，而是把重點放在戒菸和降低血壓等，已被證明有效的方法上。

當然，對於那些因為某種病變造成體內缺乏某種維生素的人來說，維生素藥片還是很管用的。但是，對於那些指望服用維生素藥片，來延年益壽的人來說，還是別浪費錢了。

發燒有大用？

發燒很可能是人類最常見的一種疾病，但直到最近，科學家才初步揭開了其中的祕密。

人體為什麼要演化出發燒這項功能？

人的體溫之所以能夠保持恆定，是因為人體有一套複雜的體溫調控機制。當氣溫過高時，人會出汗，依靠揮發汗水來降低體溫。當氣溫過低時，人會打哆嗦，依靠肌肉的運動來產生熱量。如果這還不夠，那就採取丟車保帥的辦法，讓血液離開四肢，大量流入內臟，先保證重要的器官，能在恆定的溫度下工作。

恆定的體溫是一種動態平衡。科學研究發現，人體有個「體溫控制中心」，位於丘腦下部（hypothalamus）。這個控制中心會不斷地發出指令，協調人體的各個組織和器官（比如汗腺和血管），以達到恆定體溫。

西醫看病，第一件事就是給病人量體溫，如果超過三十八度C，醫生會說：你發燒了。不過，嚴格說，體溫升高並不等於發燒。有一種情況，科學術語叫做「體溫過高」（hyperthermia），指的是人體降溫措施失效，造成的體溫過高。比如，你穿著羽絨外套在三溫暖房裡，蒸上半小時，體溫肯定會超標。但這是因為汗排不出去造成的，只要脫掉羽絨外套，出門待一會兒，問題就解決了。

真正的發燒，是指人體有意識地升高體溫。

原來，人的體溫是由「體溫控制中心」預先設定的。正常情況下，這個數值是三十七度C左右，即使處於「體溫過高」的狀態時，這個預設數值仍然是三十七度C。發燒就不同了，這時「體溫控制中心」主動發出了升高體溫的指令，為了滿足新的「預設數值」，血液繼續不斷地離開四肢流向內臟，這就是為什麼發燒的人，反而會感到寒冷的原因。

既然發燒是人體「自找」的，便有人提出了一個假說，認為發燒很可能是一種正常的生理反應，是有用處的，否則人體為什麼會演化出這樣一個奇怪的體溫控制機制呢？

眾所周知，人體在受到病菌侵襲時，體溫就會升高。於是有人進一步猜測說，發燒很可能增強了病人免疫系統的工作效率。這個假說聽上去很有道理，但科學家一直沒能搞清其中的細節。

為了淋巴細胞總動員，參與免疫反應

二〇〇六年底，美國「羅斯威爾公園癌症研究所」（Roswell Park Cancer Institute）的免疫學家雪倫・伊文思（Sharon Evans）在《自然》雜誌免疫學分冊上發表文章，從分子水準上揭示了體溫升高和免疫系統之間的祕密。眾所周知，除了血液循環外，人體還有一個淋巴循環，它可被看成是血液循環的助手，含有蛋白質等大分子物質的細胞液，先被淋巴系統收集起來，然後再進入靜脈，最終流回心臟，完成淋巴循環。為了防止細菌透過這個管道，進入血液，淋巴循環在各處都設立了關卡，俗稱淋巴結。一旦遇到病菌襲擊，該處的淋巴結便會腫大，阻塞淋巴管，不讓細菌通過。之後，免疫細胞從血液中被大量地抽調出來，進入淋巴結，和來犯之敵進行殊死搏鬥。可以說，淋巴系統就是人體免疫系統的主戰場，這就是為什麼免疫細胞又叫淋巴細胞的原因。

科學家早在七〇年代就已查明，淋巴細胞的命運，從它誕生那天起就註定了。有的淋巴細胞一定會進入淋巴結，有的淋巴細胞則肯定會進入到胃黏膜中的淋巴組織，在那裡參加保衛家園的戰鬥。淋巴細胞到達指定崗位的過程叫做「淋巴細胞歸巢」（Lymphocyte Homing），這一過程主要是受淋巴細胞表面受體的控制。這些表面受體就像鑰匙，一旦遇到合適的鎖，就結合在一起。比如，淋巴結附近的微血管表面，就分布著很多鎖，一旦遇到相應的鑰匙——淋巴細胞，兩者便死死地結合在一起。

換成科學術語，這些微血管叫做「高內皮小靜脈」（High Endothelial Venule），它們可以被看做是淋巴細胞進入淋巴結的「大門」。這些小靜脈細胞表面的「鎖」叫做CCL21，專門吸引帶有特定「鑰匙」（受體）的淋巴細胞。兩者相遇後，淋巴細胞用「鑰匙」打開大門，越過血管壁，進入淋巴結，參加發生在那裡的戰鬥。

伊文思的研究小組將實驗小鼠放在高溫房間內，讓它們的體溫升高到三十九度C，模仿發燒時的情景。之後，實驗人員把用螢光染色過的淋巴細胞，注入小鼠的血液中，並在特殊的顯微鏡下，觀察這些淋巴細胞的分布情況。結果，發燒小鼠的「高內皮小靜脈」上附著了大量的淋巴細胞，其數量大約是對照小鼠的兩倍。

進一步研究顯示，發燒小鼠的「高內皮小靜脈」的細胞表面CCL21受體的密度，比正常小鼠有所增加。別小看這一變化，這就意味著血液中流動的淋巴細胞，會被更多地吸引到「高內皮小靜脈」的表面上來，並通過這座「大門」，進入淋巴結。說到這裡，讀者也許就能明白發燒為什麼有理了。原來，發燒帶來的體溫升高，能動員更多的淋巴細胞進入淋巴循環，參與免疫反應。

這一發現，再一次驗證了生物界的一條真理：存在的就是合理的。生物演化了這麼多年，保存下來的所有習性都應該有其道理。伊文思建議，發燒後不要急著退燒，而是應該根據不同情況制定相應的策略。當然了，長時間發燒，對兒童來說很危險，應該及早退燒才是。

有月經落伍了嗎？

很早就有人嘗試利用避孕藥來避免月經來潮，如今醫學界已正式承認。

原來有許多人用避孕藥來避免月經

二〇〇七年五月二十二日，美國食品與藥品管理局（FDA）正式批准了一種名為Lybrel的女用避孕藥，能讓服用者不來月經。

這種藥聽起來很神祕，其實原理很簡單。一般的女用口服避孕藥都是以二十八片為一個週期，每天服用一片。前二十一片是真藥，後七片是假藥（安慰劑）。服用安慰劑的時候，月經就來了。之所以放七片假藥，是為了讓服用者養成每天一片的習慣，沒別的意思。

那二十一片真藥裡，含有兩種激素，分別是雌激素（Estrogen）和孕激素（Progestin）。它們合起來造成了一種懷孕的假象，於是卵巢就不會再排卵了。一旦停止服用，婦女體內的這兩種激素水準立刻直線下降，於是月經就來了。

女用口服避孕藥是六〇年代幾個美國醫生發明的，這項發明把懷孕的決定權，交到了女性手裡，被譽為婦女解放運動的導火線。很快地，解放了的婦女就不滿足於避孕了，她們一旦搞清了避孕藥的原理，便忍不住嘗試用避孕藥來避免月經。只要扔掉那七片安慰劑，在服完二十一片後，緊接著服用下一個二十一片，就可以繼續欺騙自己的身體。

沒人知道究竟是誰先想出來的這個方法，最有可能的是那些女運動員。沒人喜歡在月經來的時候，去運動場上奔跑跳躍，而且有大量證據顯示，月經對運動員的體能會有很大影響。下一個嘗試的群體大概是學生們，很多人在重大考試的前夕服用避孕藥，以避免月經分散她們的注意力。

有不少人在這麼做了一次之後，發現沒有問題，便開始嘗試著繼續做下去，畢竟月經是一件很麻煩的事情，除了最常見的經痛以外，還有超過六十種與月經有關的生理和心理不適，被醫生記錄在案，包括頭疼、焦慮、乳房腫脹、食欲不振（或食欲亢進）、憂鬱、情緒波動和失眠等等，估計所有婦女同胞都或多或少地經歷過這些痛苦。早些年有篇報導說，很多美國醫生都會偷偷地給病人開避孕藥，因為這些人總是纏著醫生，想要他幫忙消除月經帶來的諸多煩惱。

口服避孕藥能有效降低卵巢癌?!

總部設在美國的惠氏（Wyeth）製藥廠，看到了發財的好機會。他們進行了兩次為期一年的臨床試驗，一共招募了二千四百五十七名十八到四十九歲的女性參加試驗。結果顯示，採用這種方法，確實可以避免月經，但仍然會有不定期的小出血，尤其是開始服藥的前半年，這種小出血頻率還挺高的。不過，後來就好了，有59%的受試者在臨床試驗的最後一個月裡，完全停止了出血現象，另有20%的受試者，只有輕微的血痕，並不需要採取任何特殊的清潔措施，只有21%的受試者出血嚴重，需要像月經來一樣，做局部清潔處理。

這種方法的副作用包括增加罹患血栓、中風和心臟病的機率，但是這和口服普通避孕藥的副作用是完全一樣的。與此相應的是，口服避孕藥帶來的好處非常誘人。研究顯示，口服避孕藥連續服用一年，卵巢癌的發病率就會降低40%，連續服用十年，降低80%。與此相反，如果一名婦女連續排卵，超過三十五年，得卵巢癌的機會就會從1%提高到3%，增加了三倍！

有了試驗資料做後盾，惠氏製藥公司便大膽地推出了Lybrel。之所以取這個名字，是為了和英文的「解放」諧音。這種藥每片含有九〇毫克孕激素，二〇毫克雌激素，從此，廣大婦女終於可以解放了。

且慢！這個消息出來後，已經有人開始懷疑它的合理性了。美國新罕布夏大學的社會學家吉恩．埃爾松（Jean Elson）就諷刺說，一直有人試圖影響女性正常的生理週期，Lybrel不是第一個，也不是最後一個。不過，反對者的理由大都是沒有科學根據的假設，即認定一個人正常的生理週期，是大自然賦予她的一種特徵，是不能被改變的。不過他們忘記了，女用口服避孕藥其實就是一種改變正常生理週期的藥物，而且已經被全世界的婦女安全使用了幾十多年。

在推出Lybrel之前，惠氏製藥公司委託著名的蓋洛普（Gallup）諮詢有限公司，對兩百零五名婦科和產科醫生，以及兩百名護士進行過一次電話調查，97%的受訪者認為依靠錯過安慰劑的方法，避免月經是可行的。看來醫生大都認可了這一做法。

當然，一種新藥肯定需要經過一段時間，才能被證明無害，「月經落伍了」這個說法可能還為時尚早。起碼，有人就寧可每月來一次月經，也不願意每天吃一次藥。再說了，月經已經被很多人視為年輕女性的象徵，沒了它，可能還不太習慣呢。

乳腺癌其實是傳染病?

乳腺癌有可能是一種由病毒引發的傳染病。

乳腺癌在中國的發病率為何激增?

中國女演員陳曉旭去世，讓乳腺癌再一次成為熱門話題。

據新華社報導，乳腺癌在中國的發病率增長速度驚人，從二〇〇一年的十萬分之十七迅速增加到二〇〇六年的十萬分之五十二，五年增長了兩倍。目前還沒有人能夠對此做出合理解釋。

乳腺癌的遺傳因素只占5%左右，後天的影響是主因，包括肥胖和吸菸等。其中到底哪一種因素最危險?至今仍然眾說紛紜。最近，有不少科學家相繼發表論文，提出了一個新假說：乳腺癌很可能是一種病毒性傳染病!

其實這個發現早在幾十多年前就有了。一九三六年，一個名叫約翰・比特納(John Bittner)的科學家，發現了一個特殊的小鼠品系，有95%的雌性後代長大後，會得乳腺癌。表面上看，這顯然是一種遺傳病，可是，當他把剛生下來的小鼠送給其他正常母鼠餵養後，這些小鼠就不會得癌了。進一步研究發現，罪魁禍首不是母鼠的基因，而是母乳，或者更確切地說，是母乳中含有的一種病毒，比特納把它命名為「小鼠乳腺癌病毒」（MMTV）。

在那個年代，科學界對病毒的特性所知甚少，因此這項研究在很長一段時間內，幾乎停滯不前，直到科學家知道了基因的祕密後，才又被人翻了出來。類似的例子在科學史上非常普遍，反映了科學知識的傳承性，也從另一個方面說明了資料檢索的重要性。

進一步研究發現，MMTV是一種「逆轉錄病毒」（Retrovirus）。這種病毒含有的遺傳密碼不是DNA，而是RNA。入侵宿主後，病毒依靠自身攜帶的「逆轉錄酶」，把RNA翻譯成DNA，然後隨機安插進宿主的基因組中去。之所以叫「逆轉錄」，是因為資訊的傳遞方向不是通常的DNA→RNA，而是正好相反。

如果病毒DNA正好插入一個基因中間，這個基因就會被打斷，從而失去活性。好在哺乳動物的基因組內，含有大量「垃圾DNA」，比如，人類基因組大約含有三十億個堿基對，而有用的部分（即「基因」）只有大約一億個堿基對。也就是說，逆轉錄病毒每三十次插入，才會有一次打中某個功能基因。

這些病毒怎麼引發乳腺癌？

事實上，有一種理論認為，「垃圾DNA」正是由人類演化史上，遇到的那些沒有打中目標的逆轉錄病毒「屍體」所組成的。

假如某個細胞因為功能基因被擊中而死亡，問題倒還不大。但是，如果打中的恰好是一個控制細胞生長的基因，那麼這個細胞就會失去控制，不停地分裂，變成癌細胞。MMTV正是透過這種方式，讓小鼠得乳腺癌的。原來，這個病毒的基因能被雌激素所啟動，發育成熟的小鼠的乳腺中，含有大量的雌激素，因此這個病毒就變得非常活躍，產生大量後代，對周圍的乳腺細胞，發起一輪又一輪的攻擊，總會有一個擊中目標。

找出原因後，科學家們自然想到在人類身上尋找MMTV病毒，卻一直沒有找到。到了七〇年代中期，這項研究幾乎停止了。

九〇年代時，澳洲科學家搞清了胃潰瘍的發病機制，兇手竟是一種名為幽門螺旋桿菌的細菌！這一意外發現，重新啟動了關於癌症病因的研究。很快，「人類乳突病毒」（HPV）被證明是子宮頸癌的必要條件，乙型肝炎病毒可以誘發肝癌，T細胞白血病和T細胞白血病病毒也有關聯，而幽門螺旋桿菌則是誘發胃癌的一個重要因素。

一九九九年，美國圖蘭（Tulane）大學教授羅伯特•加里（Robert Garry）報告說，他發現了一種專門感染人類的逆轉錄病毒，和MMTV有著95%的同源性，因此被命名為「人類同源小鼠乳腺癌病毒」（HHMMTV）。

第二年，澳洲新南威爾斯大學的科學家，對澳洲的乳腺癌病人進行過一次小範圍普查，結果發現有42%的患者，乳腺組織中含有這種病毒，而且都集中在癌變部位。相比之下，只有2%的健康婦女的乳腺中，發現了這種病毒的蹤跡。二〇〇三年，他們又對比了越南乳腺癌患者的HHMMTV病毒感染率，結果發現比澳洲婦女要低很多。科學家因此猜測，也許這種病毒的流行度差異，可以用來解釋不同國家婦女的乳腺癌發病率，為什麼會有很大的差別。

之後，又有兩種病毒引起了科學家的注意，它們分別是「人類巨細胞病毒」（Cytomegalovirus，CMV）和「人類皰疹病毒」（Epstein-Barr Virus）。乳腺癌患者乳腺組織中，含有這兩種病毒的機率，明顯要比健康人高，暗示了兩者可能存在一定的聯繫。二〇〇六年底，又一種病毒被發現存在於50%的乳腺癌病人的乳腺組織中，這就是前面提到過的，能誘發子宮頸癌的HPV。做出這一發現的澳洲科學家甚至暗示說，乳腺癌很可能是透過性途徑傳染的。

不過，直到目前為止，上述結論都還屬假說，因為還沒有人能夠從機制上闡明，這些病毒是怎樣引發乳腺癌的。科學家們倒是非常希望這些假說是真的，因為如果真是這樣，就可以製造相應的疫苗來對付乳腺癌了，就像對付子宮頸癌所做的那樣。

乙醛是隱形殺手

科學家發現，抽菸、酗酒和空氣污染這三大殺手，有可能用的是同一把刀。

為什麼有人一喝酒就臉紅？

生活中你肯定認識這樣的人，他們不能喝酒，一喝就臉紅，如果強灌，很快就會醉倒在地，甚至嘔吐不止。他們為什麼會這樣呢？原來，酒精（乙醇）進入人體後，會迅速轉化成乙醛（Acetaldehyde），後者在「醛脫氫酶」（ALDH）的催化下轉變成乙酸。人體內有十九種ALDH，其中，ALDH2活性最強，承擔了大部分工作。有將近一半的東亞人體內的ALDH2有缺陷，不能迅速把乙醛轉變為無害的乙酸。於是，這些人只要一喝酒，體內的乙醛含量就迅速升高，甚至能達到正常值的二十倍之多。乙醛能加速心跳頻率，擴張血管，於是飲酒者的臉就紅了。

那麼，這些人為什麼更容易喝醉呢？難道說，乙醇並不是讓人醉酒的主要原因？早在上世紀八〇年代，英國國王學院的科學家維克多・普里迪（Victor

Preedy）就發現，乙醛是一種效力強大的肌肉毒素，其毒性是乙醇的三十倍。後續的研究發現，乙醛能和蛋白質的氨基結合，形成「蛋白質加合物」（Adducts）。這種結合非常穩定，嚴重影響了蛋白質的正常功能。「很多人誤以為，酒精危害最大的器官是大腦和肝臟，這是不準確的。」普里迪說：「酒精的代謝產物乙醛，對酗酒者肌肉造成的傷害才是最常見的，其發生頻率是肝硬化的五倍。」

更可怕的是，「蛋白質加合物」會改變蛋白質的外表結構，使得免疫系統誤以為這是入侵的敵人而加以攻擊。大約有70％的「酒精肝」患者，體內能找到相應抗體，這些抗體對「蛋白質加合物」的持續攻擊，會讓這些患者長年處於慢性炎症的狀態，這種狀態已被證明是風濕性關節炎、心臟病、阿茲海默症和癌症的誘因。

正常人血液中的乙醛含量很低，甚至很難被檢測到，屬於典型的「隱形殺手」。正常情況下，進入人體的乙醇會迅速在肝臟內被「乙醇脫氫酶」轉化成乙醛，然後被ALDH2分解成乙酸，只有不到1％的乙醛會逃出肝臟，進入血液循環。但是，肝臟處理乙醇的速度是有限的，正常人每小時可以處理七克乙醇，酒量大的人，這個數字可以上升到十克以上。一瓶二兩二鍋頭酒的酒精含量，大約是五〇克，正常人需要花費七小時才能處理完。也就是說，在這七小時中，飲酒者體內的所有器官，都要處在乙醛的包圍中。雖然絕對量不大，但累計的效果卻很可觀，很多喝過頭的人，第二天起床後，仍然會感覺昏昏沉沉，英語中有個詞叫做Hangover，描述的就是這種感覺。以前人們認為這是細胞脫水，或者酒精的作用，後來發現這個說法不正確。研究發現，造成Hangover最重要原因就是乙醛。

抽菸又喝酒，罹癌率多一百五十倍

別小看乙醛的危害，愈來愈多的證據顯示，乙醛的害處遠不止上述這些。一項研究顯示，ALDH2缺損者（喝酒會紅臉的人）如果繼續酗酒，他們得上消化道癌症的機率，是正常人的五十倍。乳腺癌也有可能與乙醛有關。據統計，有大約5%的乳腺癌，病因來自酗酒。「細胞是不會遺忘的。」從事這項研究的德國海德堡大學科學家海爾穆特・賽茲（Helmut Seitz）說：「乙醛造成的影響會在二十到二十五年後，成為腫瘤的誘因。」賽茲相信，西方國家酒精消費量的逐年增加是肝癌、結腸癌和直腸癌發病率升高的原因之一。

酒精絕不是乙醛的唯一來源。乙醛帶有水果般的香味，經常被用作食品添加劑。事實上，很多果酒中就加了乙醛，尤其是一種蘋果燒酒（Calvados），乙醛含量很高。有人做過統計，喜歡喝蘋果燒酒的人，患食道和口腔癌症的機率，是葡萄酒愛好者的兩倍，雖然他們喝下去的酒精是相同的。

香菸也是乙醛的一大來源。燃燒的菸草產生的大量乙醛，能溶解在唾液裡，人唾液中的ALDH酶含量極低，因此吸菸者的口腔細胞，就經常處於乙醛包圍之下。統計顯示，吸菸者患口腔癌症的機率，是不吸菸者的七到十倍。當然，香菸中還含有很多其他致癌物質，但科學家愈來愈相信，乙醛是其中很重要的一種。

如果一個人既抽菸又喝酒呢？情況就更糟了。菸酒的協同效應，會使這些人患口腔癌症的機率比不吸菸也不喝酒的人高一百五十倍！

空氣污染，尤其是汽車尾氣和工業廢氣，也是乙醛的重要來源。

那麼，怎樣才能降低乙醛帶來的風險呢？戒菸，少喝酒，盡量呼吸新鮮空氣，這些辦法顯然都有效。還有一條，就是勤刷牙，尤其是多用口腔消毒液。研究顯示，口腔中殘餘的很多細菌，能把食物殘渣變成乙醛，這就是口腔衛生習慣不好的人，得口腔癌症的機率，比重視衛生的人高的原因。

多喝水會中毒？

過量飲水，可以毒死人。

多喝水反而有事？

如果換個說法：「服用過量的一氧化二氫，能夠使人中毒。」聽上去會不會顯得更合常理一點？

水是生命的第一要素，人體68%的成分是水，普通人不吃飯，可以活 個星期，不喝水，三天就受不了了。因此，很多人把水看成有百益，而無一害的寶貝，不少健康指南上都號召大家每天喝八杯水，每杯八盎司（所謂八乘八，總量人約兩升）。

其實，這個說法並沒有科學依據。

幾年前，美國新罕布什爾州達特茅斯醫學院的漢斯·瓦爾廷（Heinz Valt n）博士突發奇想，打算調查一下這個流行說法的出處。他本人是一名資深腎臟專家，曾經寫過兩本關於腎臟與體液平衡的教科書。他運用電腦檢索系統，查找了所有發表在正規科學雜誌上的相關論文，發現沒有任何資料支援這個八乘八的說法。

那麼，這個說法是怎麼來的呢？最有可能的源頭，來自幾十多年前發表的一份報告，該報告指出，正常成年人每天需要消耗大約二點五升的水，但這份報告同時強調，正常情況下，人體所需的大部分水分，可以從食物中獲得，只有不到一升的水是喝來的。但是，後來很多所謂「營養學家」不知出於何種原因，忽視了後面的這個補充說明。

還有不少營養學家堅稱，大量飲水有助於緩解便秘。為了調查這個說法的可靠性，瓦爾廷招來一批成人志願者，對他們的飲水量和排泄量，進行過一次大規模調查對比，結果發現過量飲水，對排泄狀況沒有顯著的影響。

二〇〇二年，他把自己的發現寫成論文，發表在《美國生理學雜誌》上。他在文章中指出，這個八乘八的說法更像是一種迷信，缺乏科學依據。不但如此，這種做法很可能對人體有害，因為這會使人得「低鈉血症」（Hyponatremia）。

這個病說起來很簡單。很多人大概都記得，小學自然課上做過的一個實驗，把洋蔥細胞浸入蒸餾水中，放在顯微鏡下觀察，細胞會變大。如果換成鹽水，細胞的體積就會縮小。這就是人們常說的，滲透壓所導致的一種正常現象。

血液的滲透壓可以用鈉離子的含量來表示。如果鈉離子低於每升一三五毫摩爾（135mmol/L），就會出現「低鈉血症」。

當過量的水進入血液後，就會稀釋鈉離子，改變細胞內外的滲透壓，水便在壓差的驅動下，進入細胞，使之擴張。一般的體細胞還好說，周圍會有一定的空間供其擴展。腦細胞就不一樣了。大腦中的神經細胞排列十分緊密，幾乎沒有任何空間，供它們伸懶腰。一旦過量的水分，隨血液進入腦細胞，便會產生可怕的後果。輕者會使人頭暈、嘔吐，或者產生幻覺，重者會使人昏迷、呼吸停止，乃至死亡。

喝水中毒的死亡實例

二〇〇七年初，一名二十八歲的加州婦女參加了當地電台舉辦的一次喝水比賽，獲勝者將獲得一台任天堂遊戲機。結果，她在三小時的時間裡喝了六升水，回家後嘔吐不止，當晚死亡。

不只如此，有一名二十一歲的美國青年，和人打賭做伏地挺身。為了增加他的體重，對方強迫他飲用了大量的水，沒想到他卻突然死亡，死因同樣是水中毒。

近年來，「低鈉血症」的發病率有所增加，主要原因在於搖頭丸的氾濫。這種興奮劑能讓人產生脫水的感覺，服用者會傾向於過量飲水，結果很可能比搖頭丸更加致命。

不過，一般情況下，多喝幾杯水不足以導致「低鈉血症」，因為人體有一個嚴密而高效的平衡系統。成年人的腎臟每小時可以排出八百到一千毫升的水，也就是說，只要每小時喝水不超過這個量，一般就不會有問題。但是，人體內有一種激素，名叫「血管加壓素」（Vasopressin），又名「抗利尿激素」（Antidiuretic Hormone，ADH）。顧名思義，這是一種阻止尿液生成的激素，目的是保存體內的水分。人在某些特殊情況下，比如在長跑的時候，便會刺激下丘腦分泌「血管加壓素」，在激素的作用下，腎臟的排尿能力，甚至能夠降到每小時一百毫升以下。如果在這種情況下大量飲水，患「低鈉血症」的機率就會大大增加。

二〇〇五年發表在《新英格蘭醫學雜誌》上的一篇論文顯示，當年的波士頓馬拉松比賽結束後，至少有13%的運動員，患上了不同程度的低鈉血症。

那麼，每天到底喝多少水才合適呢？瓦爾廷博士認為，有一個可靠的指標，那就是「渴」。有一種說法認為，如果你感到口渴再喝水，已經晚了。瓦爾廷博士認為這個說法不正確。正常人血液的滲透壓變化2%，就會有口渴的感覺，而醫學上對「脫水」的定義是，滲透壓發生5%的變化。所以，口渴了再喝水，其實足來得及的。

當然，這個結論是在溫和的氣候下做出的。如果你生活在悶熱的環境下，又要從事重體力勞動，還是趕緊先喝足水吧。

心臟病元凶真的是膽固醇？

心臟病是又一個和某種微生物感染發生關聯的疾病。

其實人可能是「細菌」殺的

雖然膽固醇被公認為是急性心臟病的主要原因，但仍然有很多醫生持懷疑態度。一個重要原因在於，歐美各國的急性心臟病發病率，在經歷了一次長達四十多年的急速上升期後，突然自六〇年代開始，以同樣的速度下降，而同期歐美人飲食中，脂肪所占比例並沒有發生很大的變化。

心臟病的發病率變化曲線，和傳染病的曲線非常相似，都會有明顯起伏。但是，以前很少會有人把心臟病和某種微生物聯繫起來，兩者似乎分屬於八竿子打不著的兩個範疇。

八〇年代末，澳洲科學家證實了幽門螺旋桿菌是胃潰瘍的元凶。這項發現為心臟病的「細菌說」注入了一針強心劑，科學家紛紛開始在微生物的世界裡，尋找心臟病的元凶。

最有可能的候選者，是一種名叫「衣原體」（Chlamydia）的細菌。這類細菌介於傳統細菌和病毒之間，它們自身缺乏某些維持生存必需的酶，因此只有寄生在細胞中，才能存活下去。人類體內的衣原體被分成三類，分別叫做「鸚鵡熱衣原體」（C.Psittaci）、肺炎衣原體（C.Pneumonia）和「沙眼衣原體」（C.Trachomatis）。前兩種極為普遍，幾乎一半的成年人體內都有，所幸危害不大。第三者比較少見，也相當危險，能造成婦女不孕症。男性當然也會感染，但是卻不會導致他們不育。

很早就有人發現，冠狀動脈內的粥樣物質中，能發現大量的衣原體。有人因此對心臟病患者的衣原體感染情況進行統計，發現大多數病人的血液裡，都有抗衣原體的抗體，說明這些人都是衣原體的受害者。但是那時科學家不敢相信，小小的衣原體會和心臟病有什麼關聯，直到幽門螺旋桿菌事件後，科學界才開始認真對待這個假說，並很快出現了兩種解釋。一種認為，衣原體可以入侵血管內壁細胞，造成被入侵的細胞「泡沫化」，繼而形成粥樣化物質。另一種解釋認為，衣原體能夠刺激人體產生某種細胞因數（Cytokine），後者導致了粥樣化物質在血管內壁的堆積。但是，這兩種假說至今沒有得到足夠的證據。

奸詐的衣原體偽裝術

轉機出現在一九九九年。約瑟夫・潘寧格（Joseph Penninger）教授領導的一個加拿大研究小組，在著名的《科學》雜誌發表了一篇論文，第一次找到了衣原體引發心臟病的確鑿證據。這個發現很偶然，該小組本來的研究對象是一種病毒，他們想知道病毒感染是否會引發心臟病。可是，他們意外發現，如果在小鼠體內注射肌凝蛋白（Myosin，肌肉蛋白的一種），引發小鼠對這種蛋白的免疫反應，同樣能誘發小鼠得心臟病。

肌凝蛋白很大，研究人員只好透過排除法，一段一段地試，終於找到了肌凝蛋白中，真正發揮作用的一段包含三十個氨基酸的多肽。然後他們把這段多肽的氨基酸順序，所對應的基因序列輸入電腦，讓電腦從世界上所有已知的ＤＮＡ序列中，找出和它相似的順序。結果，電腦只找出了一種，那就是衣原體的表面蛋白外殼！

這難道是一個巧合？科學從不相信巧合。科學家們推測，衣原體正是用這種方式，偽裝成肌凝蛋白，逃脫了免疫系統對它的監控，這才得以入侵宿主細胞。但是，某些情況下，宿主的免疫系統會認出衣原體，並生產出相對應的抗體。因為衣原體和肌凝蛋白的相似性，抗體便會不分青紅皂白地對兩者實施攻擊，這種攻擊的直接後果就是心肌炎，而炎症早就被認為和血管內壁的粥樣物質堆積，有直接的關係。

為了驗證這一假說，科學家把這段多肽直接注射進小鼠的體內，小鼠的免疫系統果然被騙，得了「自身免疫病」，最後它們無一例外地患上了心臟病。

可是，既然有50％的成年人體內都有衣原體，為什麼有的人不會發病呢？科學家認為這是個體差異所造成的。有的人體內的肌凝蛋白和衣原體相差較大，抗衣原體的抗體不會對正常的肌凝蛋白實施攻擊。

這篇論文發表後，在醫學界引起了轟動。科學家們都很興奮，因為如果這個假說屬實的話，就意味著防治心臟病變得十分簡單，只要用抗生素消滅衣原體就可以了。但是，迄今為止進行的幾次臨床試驗，都沒有得出肯定的結論。對此，醫生們認為，心臟病是一個慢性疾病，需要長時間的嚴格觀察和試驗，才能最終發現病因。

讓我們耐心等待。

父女關係影響月經初潮

父親和親生女兒關係愈親密，女兒月經初潮的年齡也愈大。

辛苦的童年，會讓女孩月經提前來？

一百五十年前，北歐國家女孩子月經初潮的平均年齡是十七歲，現在是十二歲半。中國的情況類似，目前許多城市女孩的初潮年齡，已經和發達國家差不多了。

充足的營養，被認為是這一變化的關鍵因素。以前有人認為，女性身體的脂肪比例，是影響月經初潮的直接原因，可最新的研究顯示，脂肪儲存的位置更重要。如果長在腰部和腹部，則反而會提高初潮年齡。只有長在臀部和大腿上的脂肪，才會使初潮年齡提前，這部分脂肪中含有大量的「歐米茄-3」（Omega-3）型脂肪，這是嬰兒大腦發育過程中，最需要的脂肪類型。這部分脂肪平時不用，專門儲存起來留給懷孕後期的嬰兒，相當於「嬰兒營養銀行」。只有銀行裡有了足夠的存款，女孩月經才會來，顯示她為懷孕做好了準備，能夠生下一個健康的孩子。

這個例子說明，月經初潮也像其他人類行為一樣，受到演化的影響。這種影響往往是不受人的意志改變的，因為它存在於我們的基因中。以前有人提出過一個假說，認為如果女孩的成長環境太過艱辛，或者遇到太多的挫折，就會加速她月經來的時間。理由很簡單，在這種環境下長大的女孩，將來哺育兒女的條件大概也不會好，於是她只有盡快懷孕生子，才能增加子女存活的機率。

統計顯示，生存環境和家庭親密程度，對女孩初潮時間的影響大約在五個月左右。別小看這幾個月，它會大大提高女孩早孕的可能性。原來，女孩初潮並不說明她已經開始排卵，事實上，很多已經來過月經的年幼女孩，大部分時間都是不排卵的。具體來說，如果女孩在十二歲以前來月經，那麼一年之後，她會有一半的月經屬於有排卵的「有效月經」。如果她十三歲以後，再來月經的話，那麼達到一半「有效月經」的時間，也就相應延長到了四年半。也就是說，初潮時間愈早，女孩意外懷孕的可能性也就愈大。

如今的父母們大概不會希望自己的孩子這麼早當媽媽，因為時代不同了，青少年的教育期愈來愈長，真正獨立的年齡也愈來愈大，這一趨勢和愈來愈短的發育週期，形成了尖銳的矛盾。這就是所謂的「青少年問題」的根本原因。

失去父親的女孩，月經會提早來

那麼，除了營養和成長環境之外，還有哪些因素能夠影響女孩的發育呢？有人曾經用鼠、豬、羊和靈長類動物做過實驗，證明如果把雌性動物和牠們的雄性近親一起飼養，就會延長牠們性成熟的時間。如果換成非近親雄性，則正好相反。

人類中進行的類似試驗也獲得了同樣的結果。二〇〇三年，美國亞利桑那大學的科學家發表了一份調查報告，他們對七百六十二名美國女孩進行了跟蹤調查，發現親生父親和女兒關係愈近，女兒的初潮年齡就愈大。如果女孩從很小的時候就失去親生父親的話，她們在十三歲以前發生月經初潮的可能性，是對照組的兩倍。這一結果和父親是否親生很有關係。假如女孩跟繼父（或者母親的男朋友）一起長大，那麼雙方相處的時間愈長，初潮的年齡就愈早。

二〇〇五年，美國賓夕法尼亞大學的研究人員又對兩千名女大學生進行了調查，發現不但親生父親的有無，對她們的初潮年齡有影響，甚至她們和兄弟之間的關係遠近，同樣會使她們性成熟的速度產生微妙的變化。另外，這種影響還和她們的居住環境有關，那些住在城市裡的女孩，受到的影響遠比住在農村的女孩受到的影響大。

兩組實驗都指向了同一種原因：外激素（Pheromone）。這是一種能夠遠距離影響同類的激素，許多動物依靠它，來協調種群內每個個體的行為。科學家早就發現，同一窩動物之間會依靠外激素來調整性行為，避免發生近親繁殖。也許人類也保留了這一特性，父親和兄弟們在不經意間影響了女兒和姊妹們的性週期。

不過，也有人對這個解釋持有不同的意見。美國加州的一名研究人員，曾經發現了一個有趣的現象：失去親生父親的女兒，更有可能帶有一種基因，能夠增加對雄激素的敏感程度。男性如果帶有這種基因，會更富攻擊性，做事容易衝動。帶有這種基因的女性，則表現為性早熟和亂交。英國還曾有人調查過那些很小就失去父親的女兒的相貌，發現她們會長得比較男性化。按照這一派的理論，那些父親之所以離家出走，或者選擇離婚，就是因為他們更有可能帶有這個基因，做事衝動。於是，他們的女兒便有很大機會，從父親那裡遺傳了這個基因，並在這個基因的作用下，變得性早熟。

不管這個基因理論是否正確，科學家們傾向於相信，後天環境對孩子成長的影響是巨大的。一個和睦的、充滿關愛的家庭，更加有利於孩子的健康成長。

星座有科學根據嗎？

科學家也在研究星座對性格的影響，但他們只對一顆恆星感興趣。

某個季節出生的孩子容易得精神分裂症？

星座愈來愈流行了，以至於一些人開始用星座來挑選潛在的戀人。甚至有新聞報導，某些公司居然有星座歧視，拒絕聘任某個星座的人。

迷星座的人都能舉出很多例子，證明出生在某些日期的人，具有某些相似的個性。心理學家當然也沒閒著，他們透過嚴密的調查統計，也發現了類似的傾向。早在一九二九年，就有一位名叫莫里茲・特拉默（Moritz Tramer）的瑞士科學家發現，晚冬出生的人患精神分裂症的機率，比其他季節出生的人要高。這是目前能夠檢索到關於這個問題的第一篇科學文獻。後來有人專門調查過此事，發現在北半球，出生在二月到四月的人，患精神分裂症的比率比其他月份出生的人高5％到10％。而且緯度愈高，差別就愈大。對於北緯六〇度以上地區出生的人來說，患病比率比其他月份出生的人高10%，而北緯三〇度到六〇度出生的人只高5%。

另一項統計就更嚇人了。最近有幾名英國科學家，對二・五萬名英格蘭和威爾斯地區自殺者的出生時間，進行了統計，結果發現，出生在四月到六月的人，自殺的機率比其他月份高17%！有個研究厭食症的科學家看到這份報告後突發奇想，也做了個類似的調查，結果發現四月到六月出生的英國人得厭食症的機率，比其他月份高13%。

看到這裡，估計不少讀者會去查查這幾個月份，分別對應哪幾個星座。但是科學家不這麼想，他們堅信遙遠的恆星對人類的精神世界沒有絲毫影響，但他們卻有足夠的證據，對距離地球最近的一顆恒星發生懷疑，這就是太陽。眾所周知，太陽在不同的月份，有著不同的運行軌跡，軌跡的不同造成了日照時間和強度的變化，其結果就是四季更迭。

按照常理，季節的變化肯定會對胎兒的神經發育造成不同的影響。比如，上世紀八〇年代時就有人推測，二月到四月正好是北半球流感高發期，病毒感染也許正是精神分裂症的誘發因素之一。不過，美國喬治亞大學的科學家，進行過一次包括七十五萬個樣本的大規模調查統計，沒發現流感和精神分裂症之間有什麼關聯。

目前比較流行的假說認為，精神分裂症與日照時間的長短有關。太陽光會促使皮膚合成維生素D，而維生素D已經被發現是一種「基因開關」，能夠促使神經發育過程中，某些重要的基因得到充分的呈現。澳洲科學家曾經拿小鼠做過實驗，如果在母鼠懷孕期間，減少維生素D的供應，生下來的小鼠，側腦室（Lateral Ventricle）會變得異常肥大，而精神分裂症患者的側腦室「恰好」也是如此。側腦室肥大的小鼠總是顯得過分活躍，多巴胺阻斷劑可以讓小鼠安靜下來，而這種藥正是治療精神分裂症的特效藥。

科學家相信這絕不是巧合，維生素D的缺乏，很可能就是精神分裂症的誘因之一，如果孕婦在懷孕的中後期缺乏陽光，就會造成維生素D的缺乏，其結果很可能就是嬰兒長大後，容易患精神分裂症。

預產期在冬季，多曬太陽可減少孩子長大後發瘋的機率？

除了維生素D以外，陽光還會抑制另一種激素——褪黑激素（Melatonin）的分泌。有一種理論認為，很多自殺者之所以會選擇日照時間最長的夏季，結束自己的生命，就是因為漫長的夏日減少了褪黑素的分泌。對於出生在四月到六月的嬰兒來說，他們母親懷孕的時間大概是七月到九月。於是，胎兒腦神經發育最關鍵的時期，正好遇到了夏季最長的那段時間。也許，褪黑激素的缺乏，造成了嬰兒長大後變得容易憂鬱，因此也就更傾向於選擇自殺。

那麼，厭食症是不是也和日照時間有關呢？科學家們認為不是這樣。厭食症是一種具有高度遺傳性的疾病，相當多的厭食症患者，都有一個具有厭食傾向的母親。厭食的人都很瘦，太瘦的女人不容易排卵，也就無法生育。夏季氣溫高，人體需要用來維持基本生理過程的能量消耗，也就相對較小。厭食的女性在這段時間裡，比較容易積攢下足夠的脂肪，觸發排卵。四月到六月出生的人的母親，大概是在七月到九月懷的孕，這在北半球正是氣溫最高的時段。

有趣的是，雪梨及其周邊地區的厭食症患者的出生月份分布，和英國正相反，因為澳洲在南半球，溫度變化和英國正相反。而新加坡的厭食症患者，出生時間和機率沒有關係，因為地處熱帶的新加坡全年的氣溫相差不大。

科學家們研究這些問題，可不是為了歧視那些「倒楣」的人。仔細看一下上面列出的資料就可以知道，出生時間對上述這些疾病的影響並不大，沒有足夠的理由歧視那些「生辰八字」不好的人。但是，出生日期的不同，為科學家提供了一個難得的研究樣本，可以幫助科學家們找出某些疾病的發病原因，進而找出治療和預防的方法。比如，預產期在冬季的孕婦，應該注意多曬太陽，這樣可以減少你的孩子長大後發瘋的機率哦。

還在臨床試驗的抗癌藥

如果你得了癌症，化療無效，你會不會去服用沒有通過臨床試驗的抗癌藥？

從抗癌明星變成過街老鼠

病急亂投醫，這話無論在哪兒都適用。美國醫學研究比較發達，經常有人靠關係，找到癌症研究機構的科研人員，索取正在進行臨床試驗的抗癌藥，因為他們實在想不出別的辦法了。

二〇〇七年就出過這麼一種藥，沒有通過臨床試驗，卻在民間掀起軒然大波，坊間傳說它是抗癌靈藥，卻因賺不到錢，被製藥廠封殺。這個小道消息通過網路迅速傳播，引得不少病人家屬絞盡腦汁四處求購。

那麼，這位「抗癌草根英雄」究竟是如何「落草為寇」的呢？

事情要從一篇論文說起。二〇〇七年一月，一份名為《癌症細胞》的醫學雜誌刊登了加拿大阿爾伯塔大學研究人員撰寫的論文，描述了一種名為二氯乙酸

（Dichloroacetic acid，簡稱DCA）的小分子化學物質的抗癌特性。他們把DCA加入水中餵給得了癌症的小鼠喝，結果小鼠體內的腫瘤明顯縮小。

論文刊出後不久，英國著名科普雜誌《新科學家》立即撰文盛讚DCA，把它說成是「廉價、安全而又有效」的抗癌新星。不過，凡是經常關注醫學新進展的讀者都會知道，媒體上類似這樣的新藥消息每天都有，但最後真正能通過臨床試驗的並不多。相比之下，DCA差得更遠，還沒有開始進行臨床試驗呢。

和其他那些抗癌潛力股一樣，DCA的抗癌機制聽上去也是天衣無縫。眾所周知，正常細胞的絕大部分能量由線粒體產生，依靠的是高效率的「有氧代謝」。而癌細胞卻只能依靠「無氧代謝」來產生能量，這個過程又叫「糖酵解」，產能效率低，平時只在某些極端情況下使用，比如在劇烈運動時，肌肉必須在短時間內產生大量能量，而氧氣一時供應不上，就只能暫時採用無氧代謝。

德國科學家奧托·瓦伯格（Otto Warburg）早在上世紀三〇年代就發現了癌細胞的這一特性，後來被醫學界命名為「瓦伯格效應」（Warburg Effect）。以前的理論認為，癌細胞的線粒體發生了不可修復的損傷，所以只能用「糖酵解」來產生能量。可是，阿爾伯塔大學的科學家卻用實驗質疑了這個假說。他們用DCA處理癌細胞，使它們的線粒體重新恢復了活力。

人們已經知道，線粒體是「細胞凋亡」（Apoptosis）的啟動因數。所謂「細胞凋亡」指的是有機體清除有害細胞的一種正常的生理過程，人體正是依靠這套監督系統把變異細胞及時清除出去。癌細胞的線粒體功能異常，「細胞凋亡」無法進行，這才得以逃過監督系統，獲得了「永生」的能力。ＤＣＡ恢復了癌細胞的線粒體功能，卻給了「細胞凋亡」機制一個啟動的機會，於是癌細胞就會被殺死。

這個機制看上去很美吧？但是這件事的關鍵並不在這裡。《新科學家》的那篇報導暗示說，ＤＣＡ之所以還沒有開始臨床試驗，是因為這是一種治療線粒體代謝障礙的老藥，很早以前就已經上市，其專利早就過期了，製藥廠無法從中獲利，因此沒人願意投資臨床試驗，因此也就永遠無法重新煥發「第二春」。

這種藥有毒，還會致癌？

可以想像，這篇文章迅速在網路傳播開來，讀者紛紛寫信索取具體資訊，媒體也紛紛打來電話，準備借此機會狠狠批判一下「唯利是圖」的製藥廠們。一個名叫吉姆・塔薩諾（Jim Tassano）的殺蟲劑銷售商抓住機會，註冊了一個名為www.

buydca.com的網站，開始銷售ＤＣＡ。因為沒有通過ＦＤＡ驗證，ＤＣＡ是不被允許當做藥品銷售的。塔薩諾想出一個辦法，在網站上把ＤＣＡ列為「動物藥品」，卻在後面開設了一個討論版，讓購買者交流使用心得。從上傳的留言來看，買ＤＣＡ的人大都是晚期癌症患者，他們買ＤＣＡ是為了自己使用。

「我們透過這個方式收集了大量資料。」塔薩諾在接受記者採訪時暗示，自己正在進行的是一項完全由民間發起的臨床試驗，「很多服用者都非常認真，詳細記錄自己的使用方式、劑量和檢測結果。」塔薩諾舉例說，有一名腦瘤患者連續服用了五週，其腫瘤縮小了50％。不過他也承認，這名患者同時還遵照醫囑，服用了已經上市的抗癌藥Avastin，所以不敢肯定到底哪種藥才是真正起作用的決定因素。

二〇〇七年七月十七日，兩名美國ＦＤＡ的工作人員來到塔薩諾的辦公室，命令他們關閉銷售ＤＣＡ的網站。在此之前，已經有超過兩千個癌症患者服用了從這個網站買到的ＤＣＡ，塔薩諾已經賺回了全部投資，正準備獲利呢。

那麼，ＤＣＡ到底是否有效？現有資料顯示，ＤＣＡ不但有毒，而且可以誘發癌症。當然，如果ＤＣＡ確實能治癌，這點副作用是可以忽略不計的。問題在於，絕大多數癌症專家都認為，沒有通過嚴格的臨床試驗，僅僅依靠動物試驗，是無法判定抗癌藥物的療效的。另外，專利過期並不是製藥公司對DCA缺乏興趣的主要原因，事實上，一種名為Fenretinide的治療癌症的過期藥物，已經通過臨床試驗，被獲准上市。

不過，缺乏專利保護，確實會對投資人的熱情造成很大的影響，這就需要國家醫療機構，以及各種慈善組織出錢出力，共同解決這個問題。

憂鬱症是遺傳還是心理疾病？

如果你得了憂鬱症，到底應該吃藥還是去看心理醫生？

關於憂鬱症的研究非常活躍，不但因為得這種病的人數多，而且這是一個潛力巨大的藥品市場。可惜的是，和其他大多數心理疾病一樣，憂鬱症機制的研究還很不成熟，好多基本問題沒解決。

得了憂鬱症，要怪父母嗎？

但有一點可以肯定：這是一種與遺傳有關的疾病。一項研究顯示，得過憂鬱症的父母生出的小孩，得憂鬱症的機率明顯高於正常父母生的小孩。為了區分遺傳因素和後天環境的影響，研究者還統計了憂鬱症父母的孩子被正常父母領養的情況，結果仍然證明，領養的孩子得病的機率大於正常父母的孩子。另一項關於雙胞胎的研究，顯得更有說服力。假如同卵雙胞胎其中一人患了憂鬱症，那麼另一人得病的機率就會變得很高，比異卵雙胞胎更高。

憂鬱症是否是遺傳病，對選擇治療方法影響很大。如果是，就說明憂鬱症與人腦的結構或者某種化學反應有關，這就可以透過化學藥物來治療。否則，如果憂鬱症是一種心理病，就應該去看心理醫生。

事實上，上世紀前五十年的心理學界一直被佛洛伊德的精神分析法所統治，心理療法是精神病人的唯一選擇。一九四九年，一位法國醫生偶然發現，一種抗組織胺的藥物氯丙嗪（Chlorpromazine）能夠讓病人產生愉悅感，後來這個小分子化合物就變成了「冬眠靈」。這是人類第一種治療精神分裂症的化學藥物。

為了降低氯丙嗪的副作用，科學家不斷對氯丙嗪的分子結構進行微調，然後對新產生的化學分子做人體試驗。沒想到，其中一個代號叫G22355的小分子竟產生了和氯丙嗪相反的作用，讓服用者無緣無故地亢奮起來。後來，這個被命名為「米帕明」（Imipramine）的小分子成為第一種治療憂鬱症的藥物。

另一種抗憂鬱藥——異煙醯異丙肼（Iproniazid）的發現更傳奇。二戰時，德軍曾發明了一種火箭燃料——肼（Hydrazine），戰爭結束後，這東西沒用了，便被化學家拿來進行藥物試驗。他們的本意是想找出治療肺結核的藥物，結果卻發現肼的一個變種——異煙醯異丙肼，能讓受試者莫名興奮。於是，第二種治療憂鬱症的藥物被發明出來。

上世紀八〇年代，類似的藥物篩選又選出了一類新的抗憂鬱藥，這就是「選擇性血清素再吸收抑制劑」（Selective Serotonin Reuptake Inhibitor，簡稱SSRI），大名鼎鼎的「百憂解」（Prozac）就屬於SSRI。在所有已知的抗憂鬱藥物中，百憂解副作用最小，於是很快風靡全球，真的成了名副其實的「百姓憂愁解除劑」。

值得一提的是，這些藥的作用機制，都是在上市後很多年才弄明白的。氯丙嗪是多巴胺（Dopamine）拮抗劑，異煙醯異丙肼是單胺氧化酶抑制劑（Monoamine Oxidase），米帕明是5-羥色胺（5-HT）受體的抑制劑，百憂解則顧名思義，是血清素再吸收過程的抑制劑。

從本質上講，所有這類藥物的作用對象，都是大腦中傳遞資訊的小分子信使，學名叫做「神經傳導物質」。其中，五羥色胺和血清素其實是一種神經傳導物質的兩種叫法，這種化合物與情感障礙有關，被普遍認為是造成憂鬱症的關鍵因素。根據研究，憂鬱症患者大腦中的血清素含量低於常人，因此，抗憂鬱症藥物的主要作用，就是提高血清素的水準，或者提高血清素受體的工作效率。

憂鬱症的研究，複雜得讓人快得憂鬱症

這一理論得到了遺傳學的驗證。目前已知最有可能造成憂鬱症的基因名叫5-HTT，它所編碼的就是一種負責運輸血清素的蛋白質。這種基因有一長一短兩種類型。一項進行了兩年的人體試驗顯示，如果某人帶有兩份長型5-HTT基因，遇到壓力時有17%的可能性會感到憂鬱。如果他帶有的拷貝是一長一短，那麼這個可能性就增加到33%。如果他不幸同時帶有兩份短型拷貝，那麼患病的可能性就上升到了43%。這個試驗說明，短型5-HTT基因並不足以讓人得憂鬱症，但卻能夠降低此人應對危機時的自控能力。

那麼，是不是增加血清素的含量就能治好憂鬱症呢？事情遠沒有那麼簡單。從上面的敘述中就可以看出，幾乎所有治療精神性疾病的藥物都是偶然發現的，而不是科學家們設計出來的，因為人類關於大腦的研究還處在初級階段，很多問題都沒有完全搞清。比如血清素，它的作用非常廣泛，不加選擇地提升它的水準，很有可能造成莫名其妙的副作用。

甚至，關於血清素和憂鬱症之間的關係都受到了質疑。不少獨立機構發出警告，要人們警惕製藥廠資助的科學研究所取得的成果。這種金錢和科學混淆不清的

情況，在憂鬱症研究領域最為明顯，因為這是一種很難界定的疾病，每人都會偶爾憂鬱一陣子，要憂鬱到何種程度才應該吃藥呢？有時連專家也說不清。

製藥廠當然希望人們吃藥。默克公司的前CEO亨利‧加茲登曾批評公司的方針「只局限在病人身上」。他的意思是說，製藥廠應該想辦法把藥賣給健康人，只有這樣才能獲得最大的利潤。

於是，很多人指責製藥廠買通了科學家，散布虛假資訊，把本來透過心理治療就能好的人勸進了藥房。但也有人指出，有些批評者本身卻和心理治療師組織，或者那些「另類診所」有瓜葛。爭論的雙方誰也不乾淨。

對於任何一種疾病，在其機制沒有徹底搞清以前，肯定會是這個樣子，憂鬱症尤其如此。到底應該怎麼治？這個問題真複雜得讓人憂鬱。

你過重嗎？檢查一下你的骨頭吧！

新的研究發現，骨頭也是一種內分泌器官，而且很可能具有調節脂肪代謝的作用。

有沒有一種藥物，吃了就瘦？

故事要從「瘦素」（Leptin）的發現講起。

一九五〇年，美國的傑克遜實驗室發現，有些小鼠天生就易發胖。這個實驗室是一家專門培養實驗小鼠的高科技公司，肥胖研究是這家公司最擅長的項目之一，因為小鼠的肥胖程度一目了然，很容易找到突變體。

透過對這些天生胖鼠家族進行基因分析，科學家發現了「瘦素」。這是一種小分子蛋白激素，是由脂肪細胞所分泌的。胖人體內的脂肪組織含量高，因此他們血液中「瘦素」的含量也就相應地比瘦子要高。

「瘦素」作用於下丘腦，向主人傳遞一個訊號：「脂肪夠多了，別再吃了。」

這是一種典型的負反饋機制，這種機制確保人體的代謝能夠維持在一個正常的水準。胖人的問題在於，下丘腦對「瘦素」的敏感度下降了，因此他們體內的「瘦素」水準雖然比正常人高，但還是很饞。其結果自然是——衣服穿不下啦。

科學家們正在研究「瘦素」的作用機制，希望有一天能生產出一種藥物，吃了就減重。不過胖子們先別高興得太早，這類激素的作用往往是非常複雜的，在沒有完全搞清機制之前，絕不能輕易使用。

大約在二〇〇〇年，美國哥倫比亞大學的遺傳學家，傑拉德·卡森提（Gerard Karsenty）意外發現了「瘦素」的一項副作用：它能作用於骨骼細胞，加快骨骼的生長速度。這個發現也很好理解，前面說了，體內脂肪含量高的人，「瘦素」含量也高，而胖子顯然比瘦子需要更大更結實的骨架。

同樣，那些希望利用「瘦素」來治療骨質疏鬆症的人，也別高興得太早，理由如上。

「骨鈣素」有助減重？

卡森提博士的思維非常活躍，他知道人體內的激素作用往往是相互的，也就是人們常說的「回饋」。既然脂肪細胞能夠分泌「瘦素」作用於骨骼，那麼骨骼為什麼不能分泌一種激素，反過來作用於脂肪細胞呢？這個想法在當時有點異想天開的味道，因為骨骼被公認為是一種非常「死板」的器官，科學家們沒有發現骨骼細胞能夠分泌任何激素。

卡森提博士不信邪，他決定試試看。在查閱了大量文獻後，卡森提發現，造骨細胞（Osteoblast）能分泌一種「骨鈣素」（Osteocalcin）促進骨骼生長，而「骨鈣素」的唯一來源，就是造骨細胞。當時科學界對「骨鈣素」的研究還很原始，很多問題沒搞清。但是，因為「骨鈣素」的基因已經被發現了，因此科學家可以很容易地利用「基因敲除法」，研究它的效果。本書前面曾提過「基因敲除法」，這是一種研究蛋白質機制最有效的研究方法，發明者獲得了二〇〇七年的諾貝爾生理學或醫學獎。

卡森提博士培養出一個「骨鈣素」基因被「敲除」了的小鼠品系，結果給了他一個大大的驚喜。這種小鼠非常容易發胖，就像是那些對「瘦素」不敏感的小鼠品系一樣。他又嘗試了另一個思路，用基因工程的方法提高了小鼠「骨鈣素」的分泌量。結果正相反，這種小鼠都是瘦子。

這是怎麼回事呢？透過分析這些小鼠的血液成分，卡森提發現「骨鈣素」能促進胰腺細胞分泌更多的胰島素。更妙的是，「骨鈣素」同時還能命令脂肪細胞分泌「脂聯素」（Adiponectin），提高肌體對胰島素的敏感度。

眾所周知，胰島素能加快血糖被細胞吸收的速度，控制血糖在血液中的含量。那些患有II型糖尿病的人，就是因為體內胰島素分泌不足，或者對胰島素不敏感，造成他們的血糖含量偏高，身體發胖。科學家們在此前發現了很多能促進胰島素分泌的激素，但這些激素卻同時降低了肌體對胰島素的敏感性。這個結果雖然看上去很矛盾，但卻是一種相對安全的激素作用機制。「骨鈣素」是目前已知的唯一一種具有「協同效應」的激素，既提高了胰島素的分泌量，又提高了敏感度。

「骨鈣素」的這一作用似乎也是可以理解的，骨骼生長需要耗費大量的能量，這就需要胰島素發揮作用，保證血液中的能量能被骨細胞有效地利用。

卡森提的這項研究報告發表在二〇〇七年八月的《細胞》雜誌上。這是人類第一次發現骨骼的內分泌功效，具有劃時代意義。

也許已經有人迫不及待地想要利用「骨鈣素」的這一特點，開發減重藥了。但如前所述，這個美好的願望成為現實還為時尚早。但是「骨鈣素」的特性正好對上了II型糖尿病，因此科學家正在加緊研究，希望盡快將其機制搞清楚，開發出一種治療II型糖尿病的新藥。

治不好病，可以不付錢嗎？

英國有家製藥廠宣布：如果本公司生產的抗癌藥沒有療效，病人就不用付錢。

第一家宣布治好病才付錢的藥廠

雖然聽起來有些殘酷，但再天真的人恐怕也得承認，製藥行業和其他行業一樣，也是要賺錢的。

一般說來，賺錢和救死扶傷並不衝突。誰家的藥療效好，誰家的藥銷量就高。但在一些細小環節上，兩者確實存在矛盾。澳洲癌症專家伊安・海恩斯（Ian Haines）曾經在一本醫學雜誌上撰文指出，大部分製藥廠都會建議病人採用安全範圍內最高的劑量與最長的療程，好多得一些利潤。比如美國最大的生物技術公司「基因泰克」曾經生產過一種治療乳腺癌的特效藥，叫做「賀癌平」（Herceptin）。「基因泰克」建議病人連續服用一年，但芬蘭一家獨立研究機構進行的小規模臨床試驗顯示，此藥只需要連續服用九個星期，就能產生同樣的療效。

減少療程不但可以省去大筆費用，還能減少「賀癌平」的副作用（引發心臟病），可謂一箭雙雕。

如果說上述例子還算是個比較罕見的特例，那麼目前病人面臨的最大問題，就是醫藥費和療效之間的不成比例。世界上任何一種商品，如果達不到顧客要求，恐怕都得被迫退款，只有藥品是例外。不但如此，很多治療絕症的藥物還會漫天要價，而病人往往不敢質疑其定價的合理性，生怕耽誤了治療，畢竟人命關天。

那麼，如果政府強迫製藥廠改變政策，治不好病就不給錢，不就能解決問題了嗎？問題並不是這麼簡單。首先，如何界定療效好壞，是最大的障礙。其次，絕大部分藥物都不是百分之百有效，如果採用這種定價方式，估計很多製藥廠會消極抵制，推遲出新藥的時間，這恐怕也是病人不願看到的結果。

但是，英國一家製藥廠破天荒地第一個公布了這種付費方式，在歐美醫藥界引起很大轟動。不過，病人們先別太過激動，這件事並不是那麼簡單，製藥廠是有難言之隱的。

這家製藥廠名叫Janssen-Cilag，是隸屬於嬌生製藥公司（Johnson & Johnson）的一家英國小型生物技術公司。該公司研發出一種名為「萬珂」（Velcade）的新藥，對多發性骨髓瘤（Multiple Myeloma）有顯著療效。這種病其實就是血癌，是癌症中最難對付的一種，死亡率很高。英國每年平均有四千人患上這種病，其中只有20%的病人可以活過五年。

只要能讓病人吃到新藥，就是好政策

「萬珂」屬於新一代抗癌藥，其特點是具有專一性。老一代化療藥物往往不分青紅皂白通通都殺，副作用很大。科學家們正在做的就是搞清癌細胞的特殊性，開發出針對癌細胞的特效藥，最終淘汰「簡單粗暴」的化療。

不過，「萬珂」並不是萬能的。臨床試驗顯示，它的有效率在70%左右，病人平均能多活兩到三年。但是，這種藥非常昂貴，平均每個病人需要花費一點八萬英鎊。

英國大約有兩萬名病人，也就是說，這種藥最多只能對其中的一點四萬人起一定的作用，卻要花掉三千六百萬英鎊的藥費，而這些藥費大部分都是從英國的醫療保險基金中支出。要知道，大部分英國人都加入了「英國國民醫療保健系統」（National Health Service，簡稱NHS），這個醫保系統的經費總量是一定的，如果在某個地方付出太多，就意味著其他地方必須緊縮，因此ＮＨＳ委託「英國健康和臨床醫療研究所」（National Institute for Health and Clinical Excellence，簡稱NICE）負責監督經費的使用，找出性價比最高的治療辦法。

正是由於NICE的反對，「萬珂」被踢出了ＮＨＳ的藥品名單。這就意味著，英國的多發性骨髓瘤病人再也不能使用醫療保險金來為「萬珂」買單了。此舉當然遭到不少病人抗議，但NICE堅持己見，認為「萬珂」的性價比太低，不划算。

值得一提的是，蘇格蘭、北愛爾蘭和威爾士並沒有把「萬珂」踢出去，因此不少英國病人準備移民，到這些國家去養病。有錢的病人也可以自費購買，因為「萬珂」早在二〇〇四年就已經被ＦＤＡ批准上市了。換句話說，這種藥確實有效，只是在「性價比」這一環節出了問題。

不管怎麼說，ＮＨＳ的這個決定給了「萬珂」致命一擊，Janssen-Cilag公司立刻開始和ＮＨＳ談判，試圖讓「萬珂」重新回到ＮＨＳ的大家庭裡。談判的結果讓不少人大吃一驚，Janssen-Cilag公司竟然同意了「按療效付錢」的原則，這可是開天闢地頭一回。

這個原則說起來簡單，實行起來還滿複雜。按照ＮＨＳ公布的方案，多發性骨髓瘤病人必須先試用其他方法治療，如果無效，再服用三個月的「萬珂」，NHS付給Janssen-Cilag公司二點四萬英鎊的藥費。三個月後，病人必須按照嚴格的指標測試「萬珂」的有效性，如果有效，繼續服用；如果無效，就停止服用，同時「萬珂」全額退款給NHS。

這件事是否預示著今後癌症病人再也不用為無效藥物買單了呢？專家警告說：先別高興得太早。其實，從這件事的來龍去脈就可以發現，「萬珂」這麼做絕對不是自願的，這件事更像是一個個案，推廣開來的機會並不大。不過，美國史丹佛大學的醫療政策專家阿倫・蓋博（Alan Garber）指出，這件事顯示，製藥廠不再那麼高傲了，他們願意改變自己的方針，以適應醫藥市場發生的任何變化。

《新科學家》雜誌則評論說，這件事還有更深的背景。兩位瑞典研究人員曾經在二〇〇七年五月發表了一篇重要報告，指出目前的醫保政策正在讓更多製藥廠只為富人研發新藥，而普通人接觸新藥的速度變得愈來愈慢，這一點直接造成了某些國家近年來癌症病人的死亡率上升。

這兩位研究人員最後指出，不管採取什麼方法，只要能讓製藥廠積極開發新藥，並且讓病人能吃到新藥，就是好政策。

第四集
如果地球是一個巨型自助餐廳

N年前，我們都是一家人？
直覺靈敏是因為真的有「第六感基因」這回事？
減重要選對方法，先了解你的基因？
人種不同，該吃不同的藥？

微小的細菌決定地球的進化與存活，一如基因決定你的健康？

你有第六感基因嗎？

算命大概是人類最古老的一項腦力勞動。

調查證明第六感與基因有關？

以前走街串巷的算命先生靠的是看手相或者測字，後來道行高的乾脆修座寺廟自己住進去，不但給施主算命，而且還負責改變別人的命運。再後來科技發達了，人們又開始看血型，研究星座。那些算命先生們紛紛從寺廟裡搬出來，住進一些媒體的編輯部，開始撰寫星座專欄。有愈來愈多的人不但衣食住行要看黃曆，就連找對象都要先研究對方的星座，難怪一位沒有通過預審的小夥子痛斥對方：「你這是星座歧視！」

其實這個世界上所有的人大致可分為兩類：信算命的和不信算命的，雙方相互歧視的歷史幾乎貫穿了整個人類史。

有一位名叫迪恩·哈默的美國科學家出版了一本書，聲稱雙方的分歧在於DNA

的不同。他說他已經找到了那個鬧事的基因，並把它叫做「上帝基因」。這個哈默是美國國立癌症研究所基因結構小組的組長，他寫的這本書雖然名叫《上帝基因》，其實並不一定和宗教有關。在他看來，宗教是一種有組織的信仰，而產生這種信仰的心理機制，才是這本書所要研究的目標。為了量化這種心理機制，哈默設計了一個包括兩百四十個問題的心理測驗問卷，其中包括——「你是否覺得自己和周圍世界是相通的？」「你是否相信自己有很強的預感？」——等一些相當直白的問題。這些問題測量的，是被試驗者對超自然力的感知程度。或者簡單地說，就是他是否相信算命。

哈默收集了一千多名試驗對象的答卷，並分別收集了這些人的ＤＮＡ樣本，分析它們在九個與神經傳導物質相關的基因上的不同。神經傳導物質是一些單胺類小分子，在神經元之間傳遞著資訊，它們結構的不同和數量的多寡決定了人類的喜怒哀樂。分析結果讓哈默興奮異常，因為他發現那些在某個基因位點上是Ｃ（胞嘧啶）的人比同樣位點是Ａ（胸腺嘧啶）的人更容易相信算命。這個位點位於一個名叫VMAT2的基因內，這個基因負責編碼的蛋白質，與一種囊狀單胺的傳遞有關。

難道一個小小的ＤＮＡ城基單元的變化就能決定一個人是否具有第六感能力？

說起來這件事並不那麼神祕，因為一個DNA城基的改變，就能改變其編碼蛋白質的氨基酸順序，進而改變該蛋白質的結構和功能。比如在所有生物學教科書上都會提到的「鐮刀型貧血症」就是這樣一個單城基發生變異的結果。

人類所有的部族都曾經演化出第六感意識

這件事最令人驚奇的不是這個，而是它在人類行為與基因之間建立了確定的關聯。其實這種關聯在民間早就存在了，印度電影《流浪者》中就有一段著名的臺詞：「法官的兒子永遠是法官，賊的兒子永遠是賊。」有趣的是，「正義」的力量總是在消解這種關聯，比如這部電影的結尾，小偷拉茲其實是法官的親生兒子，是環境的變化讓他變成了賊。

關於第六感的爭論也是這樣充滿了戲劇性。相信第六感的人信誓旦旦向你保證，他昨晚確實見到了故去的祖母，而反對第六感的人則一口咬定，那是一種神經不正常的表現。哈默的理論為這種爭論畫上了句號，在他看來，兩者的分歧是天生的，誰也沒有騙誰，因此誰也說服不了誰。

那麼，人類怎麼會演化出這個「第六感基因」呢？按照演化理論，任何基因的存在都有其原因，「鐮刀型貧血症」基因之所以保存了下來，正是因為帶有此基因的人可以抵抗瘧疾的入侵，這在瘧原蟲肆虐的非洲可是一個好消息。哈默在這本書中提出的一個重要觀點就是：具有第六感基因的人比較樂觀，能夠更好地應付嚴酷的自然環境，因此也就比沒有第六感的人能夠生養更多的孩子。歷史學家的研究似乎證明了這一點，人類所有的部族都曾經演化出某種第六感意識，類似宗教祭祀的集體活動，能夠在所有原始部落中找到。

是不是就此可以得出結論說人類第六感基因就是這個VMAT2？且慢！已經有不少科學家發表評論，對哈默的研究提出了不同意見。一個意見認為，哈默的資料並不能說明VMAT2就是控制第六感的唯一基因，它的存在也許是有別的用途，類似的反對意見還有很多，畢竟哈默只是寫了一本暢銷書，其對應的科學論文，還沒有被任何一家正規科學雜誌接受。所以說，想要利用「第六感基因」理論攻擊另一方的人先慢點說，不要輕易地歧視和你見解不同的人。

人種不同，該吃不同的藥？

能治好病的就是好藥。

一種只對黑人有效的心臟病神藥？

二〇〇五年六月二十三日，美國食品與藥物管理局（FDA）批准了一種名為拜迪爾（BiDil）的治療心臟病的新藥，這是人類歷史上第一種專門針對某一種族的藥物。生產拜迪爾的NitroMed製藥公司提供的資料顯示，這種藥能夠把黑人心臟病患者的死亡率減少43%，但對其他種族的治療效果卻不顯著。

此藥的發明者是明尼蘇達大學心血管病專家科恩博士。早在上世紀八〇年代，他就嘗試把兩種藥效一般的治療心臟病的藥物按照一定比例混合起來，讓患者服下，結果發現其效果比單獨服用一種藥物要好很多。但是，一九九七年FDA否決了拜迪爾，因為試驗結果顯示，這種藥對普通大眾的治療效果並不好，在統計學上和安慰劑沒有區別。但是，科恩博士透過分析受試者的種族分布，發現黑人患者對此藥的反應明顯比白人患者要好。二〇〇一年六月，他再一次對拜迪爾進行了試驗，這一次只在黑人患者中進行。結果服用拜迪爾的黑人患者死亡率減少了將近一半！如此明顯的效果，使得這項試驗到二〇〇四年七月，就被醫藥公司主動停止了。出於人道主義考慮，所有原本服用安慰劑的患者都改服拜迪爾。如此顯著的療效讓拜迪爾在一年之後終於獲得了FDA的許可。此藥為什麼只對黑人起作用呢？對此專家們還沒有定論，一種比較流行的理論認為，拜迪爾提高了人體內一氧化氮的含量，而黑人體內一氧化氮的含量平均起來要比白人少。

是種族歧視，還是種族差異？

其實，不同的人吃不同的藥，這早已是普遍的醫學常識。但是以前人們只是在性別和年齡上做文章，沒人敢碰種族這一禁區，生怕被插上「種族歧視」的標籤。因此可以想像，拜迪爾的出現在美國引起了軒然大波，支持者說黑人從此有了只屬於他們的特效藥，是件造福黑人的好事。反對者認為，這種藥的出現將會引發對少數民族的新一輪歧視，因為此藥的出現證明了黑人在基因水準上與其他人種有區別，而這一點正是種族主義者們歧視黑人的理論基礎。

任何一個能辨別黑白的人，都可以看出黑人和白人的不同，但反種族歧視的人認為，這種差異只是黑色素多寡的不同，雙方在其他地方沒有本質區別。但只要稍微仔細思考一下，就會發現這種說法站不住腳。不同種族在身高、膚色、眼睛顏色、面部輪廓、四肢比例、脂肪分布比例，甚至腦容量等方面，都有著顯著的差異。不但如此，不同種族的人在生理上也有明顯不同。比如黑人得高血壓的機率比白人高，白種人得皮膚癌的機率比黑人高，黃種人體內不含乳糖酶的比率比白種人高等等。許多這類區別都證明，無法用生活習慣的不同加以解釋，雙方確實在基因上有差異。二〇〇五年二月，史丹佛大學的人類學家進行了一次有史以來最大規模的科學實驗，在三百二十六個變化較大的基因位點上，對三千六百三十六名不同種族的志願者進行了分析，結果顯示可以按照這些基因的變異情況，把人類分成四個大組，分別對應於黑人、白人、亞洲人和西裔，準確率高達百分之九十九點八六。

可是，當研究對象是自己的時候，沒有人能夠保持中立。雖然有愈來愈多的證據顯示種族的存在，但因為有種族歧視這頂帽子壓在頭上，很多科學家在這方面的判斷力發生了不自主的偏移。這一點在美國尤其普遍，因為美國曾經有過種族歧視的歷史，種族問題一直是美國的一個禁區。美國的主流媒體每時每刻都在教育大家，所有人都是相同的，都有無窮無盡的潛力。這甚至成了「美國夢」最重要的組成部分。其實這種強迫式的平均主義，恰恰是矯枉過正的表現。每個人因為身高相貌智力水準不同，其結果多種多樣，這才是這個世界之所以豐富多彩的重要原因。反種族歧視不是鼓勵大家都去做一樣的人，而是承認人與人之間的不同，並在此基礎上學會愛那些和你不同的人。

這一點說起來容易，做起來很難，直到拜迪爾的出現，才終於讓主流媒體開始正視這個問題了。其實，要做到真正的種族平等，最重要的指標就是讓所有人都有相同的機會，活在這個世界上。而要達到這一目標，只有對症下藥才是最有效的手段。我們目前沒有辦法單獨測量每個人體內的一氧化氮含量，因此才不得已用了種族的標籤，這其實是一種非常實事求是的選擇。不管黑藥白藥黃藥，能治好病的就是好藥。

想長壽嗎？減少自由基？

停止節食吧，效率才是長壽的關鍵。

衰老機制百百種，哪一種才是關鍵？

人人都想長壽，可人們願意為此付出多少代價呢？答案是：很小。早有證據說垃圾食品會讓人早死，抽菸會縮短人的壽命，可還是有很多人樂此不疲。人們需要的是一種長壽藥，吃下去立刻可以多活一百年。可問題是，到目前為止科學家發現的衰老機制有很多種，哪一種才是關鍵呢？搞不清機制，長壽藥是無法研製出來的。

二〇〇五年五月，瑞典卡洛琳斯卡大學的拉爾森教授，在《自然》雜誌上發表了一篇文章，為那些渴望長壽的懶人指出了一條康莊大道。拉爾森教授的想法很簡單：長壽的祕訣一定存在於DNA中，因為DNA會隨著時間的推移而發生變異，並生產出失效了的蛋白質。以前人們一直把注意力放在核DNA上，這就是人們常說的人類基因組的所在地。但這些DNA平時都緊密地纏繞在組蛋白上，直到需要的時候才解開，這就是人們常說的染色體。染色體躲在細胞核內，外面被一層核膜保護著，以便和有害的化學物質分開。DNA複製的時候，會有多種蛋白質隨時監視著整個過程，這些蛋白質就好比監工，一旦發現複製錯誤，就立刻進行修正。當然還是有少數漏網之魚，不過這些極少量的基因變異，正是生物演化所必需的，少不得。

除了細胞核裡的染色體DNA以外，人類細胞之中只有一處地方還有DNA分子，那就是線粒體。這是一種游離在細胞液中的圓筒狀器官，它們就像是小型發電機，專門負責把人吃進去的養料，變成所有器官都能立刻使用的能量，也就是ATP分子。線粒體很像細菌，其內含的DNA分子都是環形的，一共有一萬六千五百六十九個城基對，編碼三十七個和能量轉換有關的基因。這些DNA都裸露在細胞液裡，沒有組蛋白的保護。負責監控DNA複製的蛋白質「監工」也只有一個，因此線粒體中的基因變異的速度，至少是細胞核DNA的十倍以上。

是線粒體DNA的變異導致衰老？

很早就有人把線粒體DNA的變異，和衰老聯繫在一起，但他們弄不清誰是因，誰是果。拉爾森教授想出了一個辦法，把一種效率極低的「監工」蛋白質，透過基因改造的方法，移植到小鼠體內，結果這種老鼠體內的線粒體迅速積累了大量變異，並很快出現了衰老的跡象，其速率是普通小鼠的三倍以上。科學界普遍認為，這是衰老機制研究歷史上，具有劃時代意義的一項實驗，它第一次證明，線粒體DNA的變異，是衰老的重要原因之一。拉爾森教授下一步打算把效率高的「監工」蛋白質移植到小鼠體內，看看小鼠是否因此而長壽，只有這樣才能最終證明線粒體理論的正確性。但是這樣做的難度要大很多。

為什麼線粒體DNA的變異會導致衰老呢？拉爾森教授解釋說，線粒體DNA的變異會導致能量供應不足，影響其他器官的功能，但更主要的原因還得說是自由基。很早以前人們就知道，人體內的自由基是導致很多器官遭到破壞的罪魁禍首。線粒體則是自由基的主要來源。DNA發生變異後，線粒體的效率逐漸降低，愈來愈多的養料無法變成ATP，便以自由基的形式釋放出來了。蘇格蘭科學家斯皮克曼博士進行的一項實驗，間接地證明了這一假說。斯皮克曼發現，線粒體功能活躍的小鼠，壽命比普通小鼠要長很多，這種小鼠新陳代謝速度高，線粒體工作效率也高，產生的自由基比普通小鼠少很多。

以前曾經有一個很著名的實驗證明，始終處於飢餓狀態的小鼠比較長壽。斯皮克曼認為這兩個實驗並不矛盾，線粒體的工作效率——而不是總產量——才是問題的關鍵所在。飢餓小鼠的線粒體和高效線粒體一樣，會產生出比較少的自由基，因此這樣的小鼠才會比較長壽。

那些妄想依靠飢餓來達到長壽目的的人，可以停止節食了，因為我現在就可以證明：效率才是長壽的關鍵。那些工作效率高的人所做的事情，比懶人要多很多，他的實際壽命自然也就長很多。

N年前，我們都是一家人

基因才是最可靠的家譜。

基因中隱含的巨大祕密

俗話說，如果兩個人同姓，五百年前是一家。可惜這個說法很不可靠。一來某個姓氏可能有多個起源，二來很多人不姓父親的姓。同理，家譜也不一定可靠，萬一祖上某一輩有個私生子，後代們可就都不好說了。基因則不然，它是按照一定規律從祖先遺傳下來的，這是人類最可靠的家譜。不過基因家譜上寫的不是文字，而是DNA上的一個個城基對。人類大約一共有三十億個城基對，數量巨大。因此直到科學家發明了快速DNA測序的方法後，人們才慢慢開始讀懂了基因家譜隱含的祕密。

二〇〇四年有報導說，現在世界上大約有一千六百萬名男人都是成吉思汗的後代，二〇〇五年十月的《美國人類遺傳學雜誌》又報導說，大約有一百五十萬男性蒙古人，都是努爾哈赤的爺爺覺昌安的後代。這兩項結論都是依靠對Y染色體的DNA序列分析得出來的，因為人類的其他二十二對染色體會發生重組，也就是配對的染色體之間互相交換相應的DNA片段。這樣一來，家譜分析工作就會變得相當複雜。但與Y染色體對應的是，比它大得多的X染色體，兩者之間沒有基因重組，因此一個男人的Y染色體完全來自父親，與母親一方沒有任何關係，分析起來就簡單多了。

可是，Y染色體很小，隱藏的資訊有限。有沒有辦法對其他染色體的家譜進行分析呢？辦法很多。其中比較有趣也比較容易理解的一種辦法，就是分析隱性致病基因。我們知道很多疾病都是由於基因突變造成的，但人類有兩套染色體，也就是說每個基因都有兩個拷貝，一個壞了，還能依靠另一個好的，只有當兩個壞基因碰在一塊的時候才是致命的。

單個基因的長度從幾百城基對到幾萬城基對不等，基因上的很多位點都能夠發生突變。比如有一種基因決定了人是否能嚐到PTC的苦味。PTC是一種植物毒素，嚐到苦味可以讓人類避免誤食這種有毒植物。這種基因目前已經發現了七種類型，最常見的兩種類型，占據了大部分人類的基因組，而其中比較罕見的四種類型，只在非洲人當中才能找到。這說明PTC味覺基因的變異最早發生在非洲，其中的兩種通過人類大遷徙（所謂「走出非洲」）而逐漸傳遍了整個地球。這是「人類非洲起源假說」又一個很好的例子。

那麼，既然基因突變是隨機發生的，怎麼才能夠證明一個變異是源自祖先，還是後代新發生的突變呢？這是透過分析DNA順序知道的。如果很多人的突變基因周圍的DNA順序都是一樣的，那就說明這些人的突變基因來自同一個祖先。這段大家共有的相同順序生物學上叫做「單型」（Haplotype），這就好比是祖先遺留下來的一個信物，一代一代傳下來，而且只傳自家人。分析「單型」比單獨分析基因突變更有意義，比如，著名的「鐮刀型貧血症」基因突變都發生在同一個DNA位點上，看似大家都源自同一個祖先。但該突變周圍的DNA序列是不同的，調查發現世界上一共存在五個單型，分別分布在非洲和中亞地區，這說明人類在演化過程中，一共有五個人各自發生了基因突變，並把這一突變遺傳了下來。也就是說，如果你帶有「鐮刀型貧血症」的基因，你還得請科學家測出突變位元點周圍的DNA順序，看看符合哪個單型，才能確定你的祖先到底是來自南非還是伊拉克。

整個人類都源自多年以前的一個非洲部落

單型的長短還可以用來推測出突變發生的年代。要想明白其原理，可以簡單地把一對染色體想像成兩副撲克牌，一副紅桃一副黑桃，不過不是A到K，而是一到一億。現在讓一個不太熟練的人開始洗牌，第一代還能分清哪副是哪副，幾代之後恐怕你就分不清了。假定一開始紅桃那副牌裡，混進了一張梅花，第一次洗牌的時候，梅花很可能還是被紅桃包圍著，愈往後周圍的紅桃就愈少。對於基因來說，每經過一次基因重組，就等於洗一次牌，某個變異（梅花）周圍的DNA順序（紅桃順序）一直不變，這就是「單型」。而單型的長度愈短，遺傳的代數（洗牌次數）就愈多。

上面提到的那個PTC變異的單型就很短，大約只有三萬個堿基對。這說明這一變異發生的年代十分久遠，據推算已經有十萬年以上。除了非洲之外，世界其他地方沒有獨特的單型出現，這顯示人類的祖先當初走出非洲後一直很團結，沒有和沿路的其他人種發生過基因交流。

一句話，關於TPC單型的研究再一次顯示，整個人類都源自多年以前的一個非洲部落，大家不管膚色黑還是白，姓張還是姓史密斯，N年前其實都是一家人。

如果地球是一個巨型自助餐廳

當環境發生變化的時候，細菌會加快各取所需「進餐」的速度。

細菌們的厲害殺手鐧

經過科普作家多年的努力，很多讀者都已經知道，濫用抗生素會導致細菌產生抗藥性。那麼，細菌是怎麼獲得抗藥性的呢？很多文章都說是透過基因突變。但是最新一期的《自然遺傳學》雜誌刊登了英國科學家馬丁・勒徹的研究報告，從本質動搖了這個假說。勒徹的實驗結果顯示，「橫向基因傳遞」才是細菌們真正的祕密武器。

所謂「橫向基因傳遞」（Horizontal Gene Transfer）說白了，就是非直系親屬之間的基因交換。也就是說，基因不但可以從父母傳給兒女（縱向），而且還可以在兩個不相干的個體之間傳遞。微生物學家早就發現，兩個細菌在相互接近的時候，可以互相交換各自的遺傳訊息，取長補短。科學家把這種現象比作「細菌性交」，它和真正的有性生殖一樣，都是生物適應環境、加速演化的有效手段。

問題的關鍵是：「橫向基因傳遞」對細菌的演化，究竟有多大的影響？

勒徹是世界上第一個研究這個問題的科學家。他選擇的研究對象是大腸桿菌及其祖先——沙門氏菌，這兩種細菌在大約一百萬年前分道揚鑣。勒徹研究了兩者的新陳代謝系統，也就是細菌體內負責處理外來物質（包括營養和毒素等等）的那些基因。大腸桿菌有大約九百個這樣的基因，編碼九百零四個不同的蛋白質。這些蛋白質大都是蛋白酶，這些酶催化了九百三十一種不同的化學反應，它們構成了一個「新陳代謝網」。這個網就是細菌成長的核心部分。

勒徹的研究發現，大腸桿菌的「新陳代謝網」在這一百萬年裡，只透過基因突變的方式，獲得了一個新基因，而透過「橫向基因傳遞」的方式獲得了至少二十五個新基因！仔細分析這二十五個新基因，勒徹發現它們都不屬於新陳代謝最關鍵的部分，而是一些週邊基因，主要作用是，幫助細菌更好地適應新環境。

比如，一群細菌突然掉進了一個充滿乳糖的湯裡，它體內原本沒有能夠消化乳糖的酶，怎麼辦？一個辦法是透過基因突變，來獲得這種新特徵，但突變是隨機的，很不可靠。實際上細菌們多半採取了一種偷懶的辦法，就是和周圍那些具有乳糖酶基因的細菌交換DNA。以此類推，細菌的抗藥性基因大都也是透過這種「橫向基因傳遞」得來的。

那麼，環境中怎麼會有抗藥性基因呢？原來，細菌獲得基因的方式有很多種，它們不但可以透過相互接觸來交換DNA，也可以透過一種專吃細菌的病毒——噬菌體來進行遠端交換。噬菌體就像蚊子傳染疾病那樣，在細菌之間傳遞DNA，它們在自然環境中數量巨大，每毫升湖水中可以含有高達一億個噬菌體！除此以外，細菌們還可以直接從環境中攝取DNA片段。事實上，DNA是一種非常穩定的分子，從死亡細菌體內釋放到環境中的DNA可以存活很長的時間。研究發現，在海水中的DNA能夠保持四十五到八十三小時不被分解，在海底淤泥中則可以維持二百三十五小時不失活性。

環境發生變化，細菌便瘋狂進餐？

由此可見，我們可以把整個地球想像成一個巨大的DNA自助餐廳，細菌們你來我往，各取所需。細菌不餓的時候，會選擇不去吃基因飯，但當環境發生變化的時候，它們就會加快進餐的速度。過去微生物學家發現過一個奇怪的現象，那就是細菌的DNA，在惡劣環境下的變異速度遠大於正常情況，這一現象曾經被叫做「指向性突變」，也就是說科學家認為，細菌們可以有選擇性地提高某類基因的變異頻率。現在科學家們終於知道了這一現象背後真正的原因，那就是「橫向基因傳遞」。細菌一點也不笨，別人已經有了，幹嘛自己生產？拿來用就是了。

這一發現還為一個困擾了科學家多年的細菌演化問題，提供了一種有意思的解釋。演化論研究者曾經根據細菌的基因突變頻率，計算過細菌演化所需時間，結果發現細菌們演化到現在這個樣子，需要八十億年的時間，這個數字幾乎是地球歷史的兩倍。一些神創論者曾經用這個數字攻擊過演化論，而另一些嚴肅科學家（包括發現DNA雙螺旋結構的法蘭西斯・克里克教授）則提出了一個大膽的假設，他們認為地球上所有的生命都來自外星球智慧生物播撒的「生命種子」。

勒徹的實驗終於給這個問題提出了一個不那麼「驚人」的解釋：正是因為細菌掌握了「橫向基因傳遞」這個祕密武器，才使得它們的演化速度如此之快。換句話說，細菌的演化不是只能透過基因突變來進行，新基因也不是只能透過父傳子這種線性模式來傳遞。演化的路線圖不是樹形的，而是一個複雜的「關係網」，每種細菌對其他細菌的演化都做出了一點貢獻。

要點菜嗎？先檢測基因吧！

人體的差異性導致減重這件事必須看基因點菜。

先做測驗，再決定如何減重！

資深減重愛好者應該都知道吃肉減重法吧？就是不吃碳水化合物，只吃蛋白質和脂肪。這法子不必餓肚子，因此靠此法減重成功的人，都會迫不及待地推薦給朋友們。可惜很多人試過之後都說沒用，這是怎麼一回事呢？

二〇〇五年十二月出版的《糖尿病治療》雜誌，刊登了美國塔夫茲大學科學家的一篇研究報告，指出了一個可能的原因：胰島素分泌水準過低。這項實驗的參加者都是一些身體健康的胖子，科學家把他們分成兩組，一組吃「低血糖負荷」食品，另一組則正相反。所謂「血糖負荷」，指的就是能夠提高血糖濃度的食品總量，這主要是指碳水化合物，因為脂肪和蛋白質對提高血糖貢獻很小。因此，這個「低血糖負荷」食品，非常類似於阿特金斯減重法所提倡的食譜。

經過半年的試驗，科學家發現，只有一部分吃「低血糖負荷」食品的人，體重顯著下降，另一部分人則沒有變化。進一步研究發現，那些減重成功的人，體內胰島素分泌水準都比較高，而沒有效果的受試者則正相反。於是科學家建議，使用這種減重法必須先測胰島素，不符合條件的就別嘗試了。

其實，還有很多不同體質的人，不適合這種減重法，要看身體對脂肪和蛋白質的吸收能力、對脂肪蛋白質的代謝廢物是否敏感、對代謝副產品的耐受程度等等，這些都決定了一個人是否適合採用這種減重法。胖子們必須先做很多測驗，才能決定到底應該吃肉，還是喝麵湯。但是，這類生化測驗大多複雜，而且昂貴。

有沒有簡單有效的解決方法呢？有，就是基因檢測。現代醫學的發展已經把很多特徵和基因序列聯繫了起來，也就是說，只要看你體內帶的是何種基因，就可以判斷你是何種體質。基因檢測不但準確，而且簡單，因為科學家已經掌握了多種檢查DNA序列的方法，這些方法快速而又廉價，最適合進行這種大規模篩檢。

一滴唾液就能輕鬆檢測基因

基因晶片的發明，更是使這類檢查變得方便了。這種基因晶片非常類似於電子領域裡的積體電路，就是把原本需要很多試管和溶液的生化反應，高度濃縮到一塊郵票大小的玻璃片上。位於美國矽谷的Affymetrix公司，是這項革命性新技術的先驅者之一，他們製作的基因晶片可以包含多達五十萬個小坑，每個坑內都可以單獨進行一種化學反應，每種反應的結果都可以用某種方法（比如螢光劑）直觀地顯示出來。假如在這五十萬個小坑裡預先固定住五十萬種不同的DNA小片段，然後和受試者的DNA進行反應，凡是順序互補的都會結合在一起（生物學術語叫做「雜交」），螢光劑就會發光，透過光探測儀就可以迅速地找出那個中標的小坑，受試者的基因類型也就可以迅速地知道了。

經過多年的科學研究，人們已經知道了很多基因類型，對人體生理過程的影響。比如，如果你含有一種名為MTHFR的基因，那麼你的血液中，肯定會含有較高濃度的高半胱氨酸（Homocysteine），你會更容易得高血壓，中風的可能性也比常人要高。科學研究還發現，食用大量的葉酸（維生素B的一種）可以降低血液中高半胱氨酸的含量。看到這裡，傻瓜也該知道怎麼辦了吧？幸好綠葉蔬菜和柑橘中含有大量葉酸，於是，每天多吃些蔬菜，多喝一杯橘子汁，就可以幫助你降低中風的可能性了。

那麼，這種基因檢測有地方做嗎？有。美國一間名為Sciona的公司已經開始做這類檢測了。只要你付上一百二十六美元郵購一個測試包，然後按照裡面描述的方法，在口腔內刮一點細胞下來，連同一個關於你自己生活方式的問卷，一起寄回給這家公司，幾天後就會收到他們寄來的飲食建議。嫌這個方法太麻煩？加拿大一家公司最近發明了一種新方法，用一滴唾液就可以提取DNA了。

中國目前在這方面還比較落後，不過已經有幾家公司開始嘗試進軍基因檢測領域。但是，目前卻有一些公司打著「基因檢測」的旗幟，販賣假冒偽劣，使得這一新技術被很多人誤解了。比如報紙已經揭露的某些公司，打著乙肝基因檢測或者乙肝基因治療的幌子，販賣與基因毫無關係的中草藥偏方，這些騙子依靠的就是普通人對「基因」這個詞的盲目崇拜心理，讀者一定要注意明辨真偽。

有人也許會問：這項技術如果用在疾病診斷治療上豈不更有用？其實，這方面早就有人在做了，而且也有很多產品已經上市。不過疾病診斷治療相對複雜，責任也更大，需要經過大量的臨床試驗才能商業化。相比之下，看基因點菜比較容易，吃錯了也死不了人，這方面的商業化肯定會走在基因診斷和基因治療的前面。

不治之症靠幹細胞研究？

基因和幹細胞治療之所以受重視，因為它們都是「治本」的辦法。

現在醫學最熱門的兩大明星

基因治療和幹細胞是生物醫學領域最熱門的兩個關鍵字。前者喊了許久，至今仍然沒有決定性的突破；後者熱門的原因，想必大家都知道了。兩者之所以受重視，因為它們都是「治本」的辦法。前者對付的是生命之本——基因，後者對付的是細胞之本——幹細胞。只要兩者之中任何一項技術獲得突破，很多不治之症就會迎刃而解。

那麼，把兩者結合起來豈不是更好？二〇〇六年一月份的《自然》雜誌生物技術分冊，刊登了美國著名的斯龍—凱特林學院（Sloan-Kettering Institute）生物學家邁克爾・薩德蘭撰寫的一篇研究報告，揭開了「幹細胞基因療法」的序幕。

要想明白這個實驗的來龍去脈，必須先了解生物學的另一個熱門詞語——鐮刀型貧血症。這個病本身並不是多麼可怕，但這是人類第一個從分子水準上搞清楚了的單基因遺傳病。世界上任何一本遺傳學教材裡，都會提到這個病。簡單地說，此病的患者會產生一種有缺陷的血紅蛋白，使得病人的紅細胞在顯微鏡下看上去不是圓餅形，而是癟了進去，像是一把彎彎的鐮刀。這種有病的紅血球能夠讓血液變得黏稠，並阻塞毛細血管，後果當然是不堪設想。

這種有病的血紅蛋白來自一個單一的基因變異，如果患者只帶有一份拷貝（另一份是好的），那麼此人對瘧疾的抵抗力就會大大優於攜帶兩份好基因的「正常人」。於是，在瘧疾氾濫的熱帶地區，「雜合體」（體內一份好基因加一份壞基因的人）就有優勢了，這就是為什麼這種「壞基因」沒有被自然選擇淘汰掉的原因。

此病目前無法根治，唯一的辦法就是輸入健康的造血幹細胞。顯然，異體排斥是這種療法的死穴。另外，對付這樣的先天性遺傳病，普通的幹細胞療法也無能為力。換句話說，即使韓國黃禹錫教授真的能夠複製出患者的幹細胞，它仍然是有遺傳缺陷的，沒有用。

唯一的辦法就是基因治療，也就是說，必須修復患者的DNA。可這說起來容易，做起來卻很難。細胞裡的DNA平時都捲成了複雜的染色體，哪能讓醫生隨便拆開來修補？不過，不能直接修補DNA也沒關係，還有一種變通的辦法，那就是從體外補充進好的DNA，以代替有病的基因。怎麼補充呢？用改良後的病毒。病毒最擅長的就是入侵別的細胞，釋放自己的遺傳物質。現在科學家手裡已經有了很多種經過改造的病毒，這些病毒失去了致病性，變成了所謂的「基因載體」。科學家可以任意插入新基因，然後把改造過的「基因載體」導入細胞中，再命令它釋放出新的DNA，幫科學家做事。這種由病毒改造的「基因載體」是基因療法的基石，也是分子生物學研究中使用相當廣泛的實驗工具。

終於有所有疾病都能被治療的一天？

對於鐮刀型貧血症，還有一個問題需要解決。科學家不僅要導入新基因，還必須抑制有病的基因，不讓它們發揮作用。事實上，很多遺傳病都必須雙管齊下才有效。關閉一個基因有很多種辦法，目前最熱門的辦法就是用「小干涉RNA」（siRNA）。這個名字聽上去有點拗口，但卻非常準確。「小」，是說它體積小，一般只含有二十到二十五個鹹基對。「干涉」，是說它的主要功能就是干涉其他基因的表達。干涉的機制解釋起來相當複雜，簡單地說就是利用了RNA之間的互補性。假如siRNA和某個信使RNA（蛋白質生產過程中必需的一種RNA）有一段順序互補，那麼siRNA就會牢牢地結合上去，這個被「綁架」了的信使RNA，也就失去活性了。這個辦法可不是科學家想出來的，而是生物體本來就有的一種調節基因呈現的方式。這個發現是大約十幾年前由美國科學家做出的，極有可能在不遠的將來獲得諾貝爾獎。

作為一個工具，siRNA非常好用，因為它設計起來相當簡單，只要知道被干涉的那段基因的順序就可以了。對於鐮刀型貧血症來說，那個壞基因的順序早就知道了，科學家只要針對這個壞的基因位點，設計出一款siRNA，把它安裝到「基因載體」裡去，就可以抑制患者生產壞的血紅蛋白了。簡單吧？當然了，實際操作起來還會遇到這樣那樣的問題，這裡就不多說了。

雖然這項實驗還處於初級階段，距離實際應用還很遠。但是一項實驗用到了三個目前最熱門的新技術，想不紅都難。這篇論文的第一作者希爾達•薩馬克古魯樂觀地對記者說：「雖然目前我們用這項技術治療的是鐮刀型貧血症，但其實這項新技術可以廣泛地用於修正幹細胞或者癌症細胞的遺傳缺陷。」真到了那一天，任何疾病只要知道其分子機制，都是可以治癒的。這真是個振奮人心的好消息。

第五集
打開心臟的手術有多難

終結肺結核的居然是個統計學家？
間接發明了呼吸機的不是醫生，而是麻醉師？
一開始的心臟手術幾乎等於殺人？

醫學的進步決定人類的壽命，但卻是因為有許多外行人，
現代醫學才得以邁進一大步。

被矇中的特效藥

磺胺最大的貢獻就是證明細菌能夠被選擇性地殺死，這一理論直接導致了抗生素的發現。

奇蹟始於一個鍥而不捨的製藥公司主任

現代醫學的歷史很短，至今不過才發展了一百多年，但它所取得的成就毋庸置疑。

拿藥物來說，一個在上世紀二〇年代開業的西醫，藥箱裡只有十幾種藥，遠不能應付病人的需要。箇中原因說起來很簡單：誰見過不懂空氣動力學的飛機設計師？那時候的醫生對人體的工作原理所知甚少，不可能「對症製藥」，只能抱著神農嚐百草的精神，逐一試驗。你能想像一個人在一張紙上瞎畫，希望有朝一日矇出一張飛機設計草圖嗎？真有人這樣做了，而且他還真矇對了。

此人名叫格哈德·多馬克（Gerhard Domagk），是個德國中學校長的兒子。他從小就喜歡科學，大學選擇了醫學系。一九一四年，十九歲的他跑去當兵，並參加了第一次世界大戰，結果因傷退役。戰後他回學校完成學業，並開始研究病菌感染問題，因為他親眼目睹了很多戰士因傷口感染而死的慘劇。

一九二七年，已經當上拜耳製藥公司研究部門主任的多馬克，開始研究染料的抗病菌特性。他的同伴約瑟夫·克拉爾（Josef Klarer）負責合成不同種類的染料給他，由他負責在小鼠身上測試。這項實驗工作量極大，多馬克不得不把自己關在實驗室裡，不接電話，不接待訪客，從早到晚都在解剖感染小鼠，在顯微鏡下觀察小鼠的染病器官有沒有發生變化，直到把自己搞得頭暈眼花為止。

實驗的頭四年，什麼也沒找到，但他沒有放棄。直到一九三二年，他實驗了一種商品名「百浪多息」（Prontosil）的紅色染料，這種染料原是為了給皮革染色用的，結果多馬克發現它能殺死鏈球菌，因為感染鏈球菌的小鼠，只要注射了百浪多息就不會死了，而對照組小鼠無一例外都會死亡。當時他並沒有急著發表結果，直到一年後，他女兒的手臂得了丹毒，也就是一種鏈球菌引起的皮膚感染。此病在當時無藥可治，醫生認為只有截肢才能保住他女兒的性命。多馬克一狠心，偷偷用百浪多息治療，居然治好了女兒的病。

一九三五年，多馬克發表了實驗報告。幾個月後，法國巴斯德研究所的科學家透過進一步研究分析證實，百浪多息的藥效並不是來自染料本身，而是染料分子的結合劑——磺胺（Sulfonamide）。就這樣，人類第一個抗病菌特效藥誕生了。在磺胺被發明前，病菌感染是人類的第一殺手，僅是鏈球菌引起的丹毒、猩紅熱和產後感染，每年就會奪去成千上萬人生命，遠比今天的癌症和愛滋病更可怕。

科學發現長江後浪推前浪

從表面看，磺胺的發現似乎只是碰運氣，其實不然，磺胺的發現過程，每一步都和科學緊密相連。如果沒有化學知識的進步，克雷爾就不可能在短時間內合成出大量結構迥異的小分子化合物。如果沒有採用正負對照組方式的科學方法，多馬克也不可能如此肯定地認為，磺胺有作用。最重要的是，如果沒有十九世紀末化學家們對化學「受體」和「藥效團」的基礎研究，多馬克就不會進行這項試驗。簡單說，多馬克的試驗基礎就是「萬物相生相剋」的原理，「受體」和「藥效團」理論在分子水準上為此原理找到了科學的解釋。

故事講到這裡還沒有結束。一九三九年，英國科學家發現磺胺的分子結構與一種合成葉酸的原料——PABA很相似。人類可以從食物中獲取葉酸，細菌則必須自己合成。磺胺代替了PABA，被細菌當做合成葉酸的原料，其結果當然是合成不了，於是細菌就會死於葉酸缺乏症。這一假說後來被美國科學家總結為「競爭性抑止」理論，在這一理論指導下，科學家找到了一種嘌呤的抑止劑——6-mp，並成功地用於治療白血病，還在器官移植術的誕生過程中發揮了決定性的作用。

磺胺被發現後，化學家繼續在磺胺分子的基礎上合成了許多類似的化學衍生物，並證明其中有幾種化合物分別具有降低血糖、殺死瘧原蟲、治療痲瘋病和甲狀腺肥大症的效能。於是，針對上述幾種不治之症的特效藥相繼被開發了出來。

有趣的是，科學成就了磺胺的盛名，最終也埋葬了磺胺的前程。進一步觀察顯示，磺胺類藥物對腎臟有極強的副作用，如今已經很少有人使用它了。雖然如此，磺胺的發現者——格哈德・多馬克仍然以他傑出的貢獻被授予一九三九年的諾貝爾醫學獎。

有扇窗戶沒關好，發現了青黴素

要不是拉托什那幾天正好沒關窗户，這個青黴菌孢子就不會逃出來，並飛進了弗萊明的屋子。

青黴素的發現是努力，還是無數巧合的綜合？

海明威的小說《乞力馬札羅山的雪》裡面的主角，因為在非洲打獵時不慎被樹枝刮了一個傷口，就不得不痛苦地死去。今天的人們不必如此擔心，因為我們有抗生素。

眾所周知，世界上第一個抗生素就是一九二八年被亞歷山大・弗萊明（Alexander Fleming）發現的青黴素。不過，青黴素的發現完全是一次偶然事故，其中的巧合簡直匪夷所思。

那是一九二八年夏天，倫敦聖瑪麗醫院的微生物學家弗萊明，把幾個金黃色葡萄球菌培養皿扔在實驗室的架子上，去外地度假了。回來後他發現，其中一個培養皿裡污染了一個黴菌菌落，他剛要扔掉這個培養皿，卻突然發現，菌落周圍有一個透明的圓圈，這意味著圓圈裡的葡萄球菌都被殺死了。他用黴菌提取液又試了一次，確認了這種黴菌的殺菌效力，後來證實這就是青黴菌。

科學家知道後，紛紛各自進行了同樣實驗，卻沒能重複出來。於是，關於青黴菌的實驗就被擱置了下來，人類一等就是十年。

為什麼無法重複呢？原來，青黴菌最適宜的溫度是20°C，金黃色葡萄球菌則最喜歡35°C。假如弗萊明按照一般做法，把培養皿放進35°C的培養箱，那個青黴菌菌落就不會長起來了。不但如此，根據歷史氣象資料顯示，倫敦在一九二八年七月底的時候，正好經歷了一次低溫，也就是說，在弗萊明度假的那九天時間裡，實驗室的溫度下降到了20°C左右，於是青黴菌才得以狂長。

先別慨嘆，人類的好運氣這才剛開始。後人研究證實，那個污染了弗萊明培養皿的黴菌，是一個非常罕見的菌種，能分泌出大量青黴素。這種黴菌在自然界中含量極少，要不是他樓下正好是另一位真菌專家拉托什的實驗室，要不是拉托什那幾天正好沒關窗戶，這個青黴菌孢子就不會逃出來，並飛進弗萊明的屋子，又恰好落在架子上的金黃色葡萄球菌培養皿裡。那樣的話，也就沒弗萊明什麼事了。

真的有幾乎沒有副作用的抗生素？

弗萊明的好運氣終於到此為止，因為他和同時代的科學家都相信，任何能殺死細菌的化學物質，都會對人體產生同樣的傷害，因此他沒有堅持研究下去。

真正發現青黴素醫療價值的人，是來自牛津大學的霍華德・弗洛里（Howard Florey）和恩斯特・錢恩（Ernst Chain），他們取得的成就，和運氣一點關係也沒有，而要歸功於兩人扎實的科學基本功。首先，精通化學的錢恩提純了青黴素，為後來的進一步實驗打下了良好的基礎。其次，弗洛里設計了一個精密的科學實驗，他把錢恩提純的青黴素，注射進五隻感染了鏈球菌的小鼠體內，另外五隻同樣感染了鏈球菌的小鼠則被作為對照組。結果注射了青黴素的小鼠全部康復，而且沒有副作用。對照組小鼠則全部死亡。

這項實驗進行的時候，第二次世界大戰剛剛開始。雖然英軍從敦克爾克成功撤退，但是傷亡慘重，當時唯一的抗菌藥物磺胺不夠用了。那次成功撤退的壯舉激發了英國人的鬥志，弗洛里和錢恩受到鼓舞，決定冒險進行一次人體試驗。他們把牛津大學的實驗室，變成了一個化學工廠，日夜趕工，終於生產出足夠的青黴素。

一九四一年二月十二日，四十三歲的英國員警阿爾伯特・亞歷山大，成為人類歷史上第一個被青黴素救治的病人。因為青黴素得來不易，價格比黃金還貴，主治醫生不得不每天收集亞歷山大的尿液，拿回實驗室重新提取青黴素。這次臨床試驗一開始非常成功，病人的病情得到了極大舒解。可惜的是，試驗進行到第五天後，青黴素用完了，病人死亡。

雖然如此，這次試驗給了科學家極大的信心。此後發生的事情就不必多說了，青黴素成為人類歷史上，第一種幾乎沒有副作用的抗生素，挽救了無數人的生命。弗萊明、弗洛里和錢恩因此成果分享了一九四五年的諾貝爾醫學和生理學獎。

值得一提的是，科學家透過實驗，找到了青黴素殺菌的祕密。原來，大部分細菌都屬原核生物，細胞外面有細胞壁保護。青黴素能夠破壞細胞壁中的重要物質——肽聚糖的合成，因此細菌就無法合成出完整的細胞壁，人類的免疫系統就能夠鑽漏洞，把細菌殺死。另外，人類屬於真核生物，只有細胞膜，沒有細胞壁，因此青黴素對人體不起作用。

現在再回過頭去看看那段歷史，我們可以發現，雖說弗萊明最初的發現是無數巧合的結果，但青黴素的發現和臨床使用，則完全得益於現代科學的發展。其實我們的老祖宗曾發現過類似的現象，李時珍的《本草綱目》就記載著，黴豆腐渣可以用來治療惡瘡和腫毒。可是，由於沒有現代科學作為支持，老祖宗的發現就只能停留在黴豆腐渣階段，病人只有碰運氣，希望自己家的那塊豆腐上落下的，正好是一粒神奇的青黴菌孢子。

可的松怎麼被發現的？

他猜測黃疸病人膽汁裡可能含有神祕的X物質，這種X物質很像某種激素。

為了治療風濕性關節炎，你願意得黃疸病嗎？

如今稍有醫學常識的人都知道，風濕性關節炎是一種自身免疫疾病，病人的免疫系統錯把自己的關節組織當成了敵人，並實施攻擊，結果造成了關節發炎，紅腫僵硬，嚴重的病人根本無法行走，失去活動能力，非常痛苦。

可在上世紀初，風濕性關節炎還被看做是某種細菌感染造成。幸虧當時抗生素還沒有被發現，否則醫生們肯定會給每個關節炎病人打一針青黴素。

一九二八年，美國明尼蘇達大學馬約醫學院的藥劑系系主任菲利浦・亨奇（Philip Hench）接待了一位奇怪的病人，這位六十五歲的病人其實是該醫院醫生，他告訴亨奇一件奇怪的事情：自從他得了黃疸病，他的風濕性關節炎症狀就消失了。四個星期後，他的黃疸病治好了，但是他的關節炎直到七個月後才再次復發。

亨奇雖然覺得這件事有點蹊蹺，但他相信自己的同行。因為醫生對自己病症的描述，肯定比普通病人可靠。從此他就留意，開始密切關注黃疸病和關節炎之間的關係。很快他就又發現了幾例類似病人，同時他還觀察到一個更離奇的現象：一旦患有關節炎的婦女懷孕，她的症狀便會立刻減輕不少。

種種跡象顯示，對於這些病人來說，治好關節炎的不大可能是抗感染藥物，而是某種與內分泌有關的物質，亨奇把它叫做「X物質」。他猜測黃疸病人的膽汁裡，可能含有這種神祕的X物質，而這種X物質很像是某種激素，會隨著懷孕而升高。他的這個想法違反了當時醫學界的共識，沒人相信他，他只好一個人默默地踏上了尋找X物質的征程，一走就是二十年。

亨奇想不出別的好辦法，只好給關節炎病人服用各種可能含有X物質的東西，包括膽汁、膽汁結晶鹽和肝臟提取物，他甚至把黃疸病人的血，直接輸給關節炎患者，但一直沒有任何效果。

巧的是，亨奇有個同事當時正在研究激素。此人名叫愛德華・肯德爾（Edward Kendall），是個化學家，曾經第一個提純了甲狀腺素。認識亨奇的時候他正在研究腎上腺，並提純了四種腎上腺分泌的物質，分別取名叫化合物A、B、E和F。他建議亨奇試試這幾種化合物，可惜當時的提純工藝很差，很難得到足夠的化合物進行臨床試驗。

此時二戰爆發，美軍得到消息說，德國空軍正在阿根廷大量採購牛腎上腺，準備給他們的飛行員注射，以提高他們對缺氧的耐受性。據說被注射了腎上腺素的飛行員，能把飛機開到一點三萬公尺的高空而不會因缺氧而窒息。於是，美軍立刻撥了大筆款項，開始研究怎樣大規模提純腎上腺素。這項實驗進行了很長時間，直到一九四八年，默克製藥公司的科學家才克服難關，得到了幾克化合物E，並輾轉送到了亨奇手裡。

堅持了二十年的醫生

一九四八年七月二十六日，亨奇把一百毫克化合物E，注射進一位患了嚴重的風濕性關節炎的女病人體內，兩天後，病人的症狀有了明顯的好轉，她居然能夠自己行走了，而以前她只能坐輪椅。後來有人指出，亨奇違反常規，用了超大劑量的化合物E，否則的話，療效不可能如此顯著。

亨奇把該病人治療前後的樣子拍成電影，第二年在一個科學會議上播放，放完後，全體觀眾起立鼓掌，大家被這一發現驚呆了。這是人類第一次用一種內源性的化學物質，治好了一種不治之症，這預示著現代醫學不但可以利用外來的殺菌劑（抗生素）來治病，還可以想辦法動員人體自身的抗病能力。

這個化合物E後來被命名為可的松。亨奇和肯德爾因為發現可的松的療效，而於一九五〇年獲得了諾貝爾醫學獎，創下了諾貝爾獎頒發速度的最快紀錄。

不過，亨奇並沒有因此而興高采烈，他十分清楚，可的松只能減緩關節炎的症狀，並不能徹底治好它。病人一旦停藥，症狀就又回來了。不但如此，可的松還有很強的副作用，往往得不償失。結果，可的松還沒等到被大規模用於臨床，就被停止使用了。

亨奇花費了二十年心血，得到的只是一個無法入藥的激素嗎？絕對不是。後來進行的一系列臨床試驗顯示，可的松對藥物過敏、慢性哮喘、系統性紅斑狼瘡、結節性多動脈炎和虹膜炎等疾病有顯著的療效。對這些疾病的治療，並不需要大劑量的可的松，而只需要局部塗抹，或者短時間用藥就可以起作用，因此大大降低了可的松的副作用。

如今，可的松及其衍生物被叫做「激素」，在醫療領域得到了非常廣泛的應用。那些因此而獲得好處的人都要感謝亨奇，當初正是由於他不迷信教條，相信事實，並堅持了二十年，才為人類帶來了一種神奇的「萬能藥」。

終結肺結核的居然是個統計學家?!

抗生素是治療所有細菌性疾病的最佳武器，但是在治療肺結核時卻遇到了麻煩。

不信邪的外行人

肺結核史稱「白色瘟疫」，是一種很厲害的傳染病。人類雖然早在一八八五年就分離出結核桿菌，但很長一段時間內，醫生拿它毫無辦法，病人只能希望自己的免疫系統足夠堅強。

抗生素被發現後，醫生們看到了曙光。雖然青黴素被證明無效，但是科學家很快就發現了鏈黴素，初步證明對肺結核有效。可是，與青黴素不同的是，使用鏈黴素的肺結核病人，病情經常會反覆，醫生們一直搞不懂到底是為什麼。

揭開謎底的，是一個名叫布拉德福德・希爾（Bradford Hill）的生物統計學家。此人出生於英國的一個醫生世家，他父親發明了血壓計，還發現了潛水病的病因。希爾小時候立志要當醫生，卻因第一次世界大戰的緣故，被迫加入空軍。服役期間他得了肺結核，幸運的是他的免疫系統足夠堅強，僥倖逃過一劫。不過他元氣大傷，當醫生的幻想破滅了，只好改行學習經濟學，並因此而獲得了大量的統計學知識。

希爾的恩師，也是他父親從前的生理學老師格林伍德，是個非常聰明的學者，他對醫學發展史有很深的研究，並從研究中得出一個結論：現代醫學必須運用統計學的方法，才能保證治療的準確性。要知道，當時的西方醫學骨子裡仍然屬於「經驗醫學」，醫生們更願意相信自己多年臨床累積的經驗，而不是客觀的科學實驗。格林伍德則不然，他本人精通統計學，非常推崇一九三五年出版的一本名為《怎樣設計科學實驗》的教科書。這本書的作者運用統計學原理，提出了一整套設計科學實驗的方法和原則。

一九四五年，格林伍德從倫敦衛生學校首席教授的職位上退休，他推薦希爾作為自己的接班人。就這樣，一個沒有受過科班訓練的統計學家，當上了醫學院的教授。次年他被邀請加入了肺結核試驗委員會，這個委員會的主要任務，就是檢驗鏈黴素到底能不能治療肺結核。

要知道，青黴素剛被用於臨床時，根本不會有人想到要去檢驗它的有效性，因為病人服藥後幾天內就見效，臨床效果好得驚人。可是肺結核桿菌外表，有一層厚厚的黏膜，鏈黴素不容易接觸到它，因此病人往往需要連續注射幾個月鏈黴素才能見效。即使如此，當時的英國醫學界仍然認為，沒必要進行什麼科學檢驗，只要多找幾個病人，觀察一下療效就可以了。

作為一個外行，希爾不信邪，他堅持必須先進行一次科學試驗，來驗證鏈黴素的有效性。正好當時英國剛剛從二戰中走出來，國庫空虛，買不起那麼多鏈黴素大量供應給醫院，專家們只好同意先進行一次小規模臨床試驗，並請希爾來設計試驗方案。希爾找來一百零六名患者充當「試驗品」，其中五十四人服藥，五十二人作為對照。但究竟誰服藥、誰對照，完全是隨機選取，就連主治醫生也不知道誰是誰，這個方法是希爾所做的最大的貢獻，他堅信醫生的主觀印象，會影響試驗的準確性，必須隨機取樣，並用統計學的方法對結果進行分析。

結果是統計學家擊敗了醫生

半年後，服藥的病人中，有二十八人病情明顯好轉，對照組卻有十四人死亡，顯示鏈黴素確實有效。假如事情到此結束，希爾的貢獻就不會那麼顯著了。可是，三年後，服藥組有三十二人死亡，對照組則死了三十五人，兩者幾乎不存在統計意義上的差別。這一驚人的結果讓醫生們得出結論：鏈黴素確實有效，但是一段時間後，細菌會產生抗藥性。假如當初沒採用希爾的建議，那麼醫生們絕不會那麼快就得出這個結論。

一旦找出原因，解決辦法自然很快就想出來了，那就是在使用鏈黴素的同時，再讓病人服用另一種藥物。這個藥很快就找到了，這就是「對－氨基水楊酸」（PAS）。這種藥單獨使用時療效並不高，但醫生們希望兩種藥結合使用，能對付細菌的抗藥性，理由很簡單：假如每種藥物的抗藥性產生機率都是1％，那麼同時產生兩種抗藥性的機率就是萬分之一。試驗結果驗證了這一理論的正確性，鏈黴素加上PAS的方法使結核病人的存活率上升到了80％。

後來又有幾種新藥被發現，醫生們又按照希爾的方法進行了幾次試驗，證明三種藥物合用的療效，比兩種藥物還要好很多。如果三種藥物持續用上兩年的話，結核病的治癒率幾乎可以達到百分百。人類終於宣布戰勝了「白色瘟疫」。

希爾的這一方法叫做「隨機對照試驗」（Randomised Controlled Trial），這種方法很快就成為醫學研究領域的標準試驗方法，目前所有已知的西藥必須經過這種方法的檢驗才能上市。從此，西醫從經驗醫學時期進入了實證醫學的時代。

吸菸真的與肺癌有關？

統計學不但幫助科學家們找到了根治肺結核的方法，還幫助醫生們發現了吸菸和肺癌之間的關係。

數據說出了什麼驚人的話

一九四五年，英國生物統計學家布拉德福德・希爾（Bradford Hill）運用統計學原理，設計了一個精妙的實驗，證明了鏈黴素能夠殺死結核桿菌。從此，肺癌的死亡率首次超過了肺結核，成為人類最致命的肺病。

一九四七年，英國醫學研究委員會又給希爾出了一個新任務：找出肺癌和吸菸之間的關係。那一年英國的肺癌死亡率比二十五年前提高了十五倍，這個數字引起了廣泛關注。大家都想找出其中原因，有人說這是因為工業化造成的空氣污染，還有人說這是由於新式柏油馬路散發的有毒氣體，只有少數醫生懷疑是吸菸造成的。

眾所周知，兩次世界大戰造就了大批吸菸者，據統計，英國當時有超過90％的成年男子都是癮君子。正因為吸菸人數實在太多，希爾不可能去統計得肺癌的人當中抽菸的有多少，不抽菸的有多少，因為他幾乎找不到不吸菸的人。

怎麼辦呢？希爾想出了一個變通的辦法。首先，他做了個合乎情理的假設：如果吸菸確實能引起肺癌，那麼吸菸愈多的人，得肺癌的機率就愈大。其次，他認為必須排除其他致癌因素，比如空氣污染、初次吸菸年齡、居住環境等等。換句話說，他必須找出一群人，其他方面都比較相似，只有吸菸的量不同。

一九四八年，他從倫敦的醫院裡，找出了六百四十九個肺癌病人，以及同樣數量的情況相似的其他病人。然後他雇用了一批富有經驗的調查人員，逐一詢問病人的吸菸史，把結果做成統計表。結果顯示，肺癌病人中有百分之九十九點七的人吸菸，其他病人則有百分之九十五點八是癮君子。這兩個數字當然說明不了什麼問題，可當他把病人按照吸菸數量的多少，分成不同的組之後，情況發生了變化。有4.9％的肺癌病人，每天吸五十根菸以上，而只有2％的其他病人每天吸這麼多菸。也就是說，吸菸愈多的人，患肺癌的機率就愈大。

針對六萬名醫生做的調查結果更精確？

一九五〇年，希爾把這個研究結果發表在《英國醫學雜誌》上，首次科學地證明了吸菸和肺癌的對應關係。但這個結果相當微妙，不懂統計學的人很難理解其中的重大意義。為了進一步說明這個問題，希爾又設計了一個全新的實驗。他給六萬名英國醫生發了封調查表，請求他們把自己的生活習慣，和吸菸史詳細記錄下來寄還給他。之所以選擇醫生作為調查對象，完全是因為希爾相信，醫生們對自己生活狀況的描述能力，肯定比普通老百姓更精確，也更誠實。

有四萬名醫生寄回了調查表。希爾把他們按照吸菸數量進行分類，並要求他們（或者他們的家屬）及時彙報自己的健康狀況。兩年半後，有七百八十九名醫生因病去世，其中只有三十六人死於肺癌。但是當他把醫生們的吸菸量和發病率聯繫起來後，發現只有肺癌的死亡率和吸菸量有對應的關係，其餘疾病都和吸菸量沒有任何關聯。比如，每天吸二十五克菸草的人，肺癌死亡率比每天吸一克菸草的人多兩倍以上，而其他疾病的死亡率只比後者多20％。

一九九三年，大約有兩萬名當初接受調查的英國醫生去世了，其中有八百八十三名醫生死於肺癌。如果把他們的吸菸數量和肺癌發病率聯繫起來，就可以得出一個驚人的結論：每天吸二十五根菸以上的人，得肺癌的機率比不吸菸的人多二十五倍！後來其他一些類似研究也都得出了相似的結論。現在，吸菸和肺癌的關係已經是家喻戶曉了，發達國家的菸民數量正在逐年下降，其肺癌的發病率也呈現出下降趨勢。那些因為戒菸而免於肺癌的人，真應該感謝希爾當初所做的貢獻。

希爾使用的第一種方法叫做「對照研究」（Case Control Study），第二種方法叫做「定群研究」（Cohort Study）。這兩種方法是目前群體醫學研究領域，最常用的兩種生物統計學方法，我們所熟悉的大部分關於健康的忠告，都應該經過這兩個方法的驗證，才能被認為是科學的。

事實上，我們每天都會從報紙上讀到大量這類忠告，有些忠告根據的是確鑿的科學實驗，有著確鑿的因果對應關係，這當然沒話講。但更多的忠告來自統計學，因為它們所涉及的病因都十分複雜，必須運用希爾博士發明的「對照研究」和「定群研究」等方法找出內在規律。就拿吸菸和肺癌來說，我們並不能說「吸菸能夠引起肺癌」，因為我們經常能在生活中找到吸了一輩子香菸，也沒有得肺癌的人。我們只能說「吸菸能夠提高肺癌的發病率」，這才是科學的描述方法，因為肺癌的發病機制還沒有完全搞清呢。

治療精神分裂症有特效藥？

精神分裂症的治療史是一個足以讓人產生精神分裂的故事。

最可怕的疾病？

人類的所有疾病中，精神分裂症絕對是最可怕的一種。病人不動的時候看起來像人，可一動起來就像鬼，完全不可理喻。

精神分裂症的病因肯定在腦子裡，但人腦是人身上最難研究的部位，因為拿人腦做實驗很危險，搞不好是會出人命的。這就是為什麼人類對自身精神方面疾病的致病機制，至今所知甚少的原因。

可不管怎樣，病總得治。當年的西醫想來想去，只想出了一種方法，那就是讓病人的大腦受點傷，希望它能自我修復成正常狀態。這個方法說起來容易，做起來就難了。醫生首先想到的方法，是用麻醉劑讓病人進入長時間休眠狀態，希望病人恢復知覺後，能自動修好自己的毛病。這個方法顯然對大腦的刺激不夠強，療效並不好。於是醫生們又想出一招，給病人注射大劑量的胰島素，強行降低血糖，讓病人的大腦因缺糖而暫時昏迷，然後再用藥讓他重新恢復知覺，看看毛病修好了沒有，結果發現毛病還在。

眼看化學的辦法不靈了，醫生們只能用蠻力，於是電擊療法就誕生了。這個野蠻的方法一開始確實有效，但醫生們還是不滿意。最後，不知是誰想出了一個更「缺德」的方法：在病人的腦白質上切一刀，希望病人的大腦在癒合的時候，能順便治好自己的病。這個方法確實「治好」過一些病人，但他們都變成了沒有喜怒哀樂的呆子。不過這樣的人總比瘋子強，起碼不會跑到大街上危害社會，於是在很長一段時間裡，西醫們就是這樣來治療精神分裂症的。

一九四九年，一個名叫亨利・拉布洛提（Henri Laborit）的法國軍醫發現了一個有趣現象。他為了降低手術後休克的發生率，讓手術前的病人服用鹽酸異丙嗪（Promethazine），結果病人普遍反映，自己感覺很放鬆，很愉快。敏銳的拉布洛提心想，這種藥會不會讓患有精神分裂症的病人也有這種感覺呢？

治療精神病只能靠運氣

必須解釋一下這個鹽酸異丙嗪，這是一種抗組織胺的藥，組織胺（Histamine）是炎症反應的介質，很多感冒藥和抗過敏藥裡，都含有抗組織胺的成分。拉布洛提當年曾經提出過一個假說，認為病人手術後產生休克的原因，就是組織胺分泌過多，而鹽酸異丙嗪其實就是一種組織胺拮抗劑，所以他才會想到給病人服用鹽酸異丙嗪。

順便說一句：拉布洛提的這個假說是不正確的！

拉布洛提寫了篇論文報告了這一現象。令人驚訝的是，那篇論文居然沒有一個資料，全是他自己的觀察紀錄。這絕對是一個很反常的論文，要是現在，肯定沒辦法發表。

法國羅納普朗克（Rhone-Poulenc）製藥公司看到了這篇沒有資料的論文，居然相信了。他們組織了一批人馬，試圖篩選出療效更高的藥物。他們合成了無數種和鹽酸異丙嗪類似的化學小分子，然後逐一把它們餵給小白鼠，觀察它們的反應，結果一種名叫氯丙嗪（Chlorpromazine，又叫冬眠靈）的化合物能讓小白鼠行動遲緩，對環境刺激反應遲鈍。

一九五〇年，一名五十七歲的精神分裂症病人，成了氯丙嗪的第一個試驗品。結果出人意料的好，服藥九天後，病人就可以正常地和人對話了，三個星期後，病人出院。這個消息一經傳開，群情大振，因為電擊療法或者腦白質切斷術（Lobotomy）都沒有那麼快的療效，而且副作用也大得多。

就這樣，人類歷史上第一種治療精神分裂症的特效藥誕生了。

一個組織胺拮抗劑是怎麼治好精神分裂症的呢？科學家研究了半天，發現氯丙嗪還是多巴胺（Dopamine）的拮抗劑。這個多巴胺可是大名鼎鼎，它是人腦中非常重要的一種神經傳導物質，或者說是傳遞資訊的郵差。於是，科學家得出結論說，精神分裂症也許就是因為病人腦中的多巴胺太多了，或者多巴胺的受體太興奮了，諸如此類。

可是，這個結論也是不正確的，隨著科技的進步，醫生們運用現代分析手段，研究了精神分裂症病人大腦中多巴胺的分布情況，結果發現和正常人沒什麼區別。換句話說，這種藥人類雖然已經用了五十年，可從它的發現到它的作用機制，全都來自一種錯誤的理論。

那麼，氯丙嗪到底為什麼能治病呢？其實，氯丙嗪並沒有根治精神分裂症，它只是減輕了病人的症狀。這就好比用止疼藥來治療癌症，病人會覺得舒服了點，可實際上病根還在。

目前西醫中大部分治療精神性疾病的藥物都是如此，因為人類對自身大腦的研究還很落後，治療精神病還只能靠運氣。

麻醉師間接發明了呼吸機

若當初沒有「外行」易卜生的參與，現代急診室裡最關鍵的設備呼吸機，不知要等到什麼時候才會被發現。

差點帶來滅頂之災的會議

一九五一年，丹麥首都哥本哈根舉辦了第二屆「世界小兒麻痹症大會」，參加會議的醫生護士們都很樂觀，因為約拿斯・索克博士剛剛發明了小兒麻痹症疫苗，大家相信這種致命傳染病很快就會成為歷史。

可誰也沒有想到，這次大會差點給哥本哈根帶來滅頂之災。

原來，這麼多醫生護士裡面，肯定有個小兒麻痹症病毒的隱性攜帶者，他們把一些毒性超強的病毒帶進了丹麥。第二年夏天，哥本哈根爆發了嚴重的瘟疫，單只在丹麥最大的布萊格丹姆醫院，每天就有五十個重病人被送進來，其數量大大超過了醫院的承受能力。

必須先停下來說說小兒麻痹症。這種病是由Polio病毒引起的，Polio破壞了病人的中樞神經系統，使之無法控制肌肉，其結果就是肢體殘疾（麻痺）。這還是幸運的情況，如果運氣不好的話，病毒破壞了神經系統對呼吸肌群的控制，患者就無法自主呼吸了。於是，經常可以看到病人突然用盡全身力量拚命喘氣，甚至來不及吞嚥自己的口水，幾天之後病人用盡了力氣，呼吸停止。

一九二七年，哈佛大學的科學家發明了一種呼吸輔助裝置，綽號叫做「鐵肺」。這種機器外表十分龐大，病人從脖子以下都被密封在一個金屬罩子裡，罩子內的氣壓由閥門控制。當氣壓降低時，肺部被強行擴張，空氣順勢被吸進肺裡。可是，一九五二年瘟疫大爆發的時候，布萊格丹姆醫院只有一台大的和六台小的「鐵肺」，因為該院平均每年大約只有十名小兒麻痹症患者的病情嚴重到需要使用「鐵肺」，而且使用下來發現效果也不怎麼好，死亡率一直在80%以上。

瘟疫發生後，醫院急需找到一個比「鐵肺」更有效的輔助呼吸的辦法。一位老醫生向院長拉森（H.C.A Lassen）推薦了醫院裡的一個麻醉師，此人名叫比約・易卜生（Bjorn Ibsen），他非常聰明。要知道，那個時候西方醫院裡的麻醉師不算正式醫生，而是屬於「技師」一類，他們的工作就是在醫生需要做手術之前，麻醉病人。拉森根本不相信易卜生，但他也想不出好辦法，勉強同意讓易卜生進看護病房參觀。

奮力一搏的麻醉師

易卜生走進病房，發現床上躺著一個名叫維琪的十四歲女孩，她的四肢都已失去了知覺，臉色發紫，呼吸急促。易卜生摸了摸病人的皮膚，又量了量血壓和體溫，然後對院長說：「維琪體內缺氧，需要趕緊輸氧氣。」

「不對吧，我認為她體內的Polio病毒已經侵犯到腦組織，沒救了。」拉森回答。

「病人血壓升高，發高燒，皮膚濕冷，這是缺氧的典型徵兆。」易卜生堅持自己的意見。

「那好吧，反正她也快死了，你就試試看。」

易卜生連忙找來一名醫生，命令他割開維琪的喉嚨，在氣管上開了個口子，然後找來氧氣袋，一端連接一根管子，通向維琪的氣管。然後，易卜生用手擠壓氧氣袋，試圖往維琪的肺裡灌氧氣。可是維琪的氣管開始痙攣，被堵住了，氧氣輸不進去。易卜生急得滿頭大汗，圍觀的醫生們看了一會兒，便悄悄離開了病房，他們認為不必再在這裡浪費時間了。

眼看維琪就要憋死，易卜生急中生智，給她灌了一片麻醉藥巴比妥，維琪很快進入麻醉狀態，氣管痙攣消失了。易卜生見狀，立即開始擠壓氧氣袋，為她輸氧。幾個小時之後，醫生們回來看「好戲」，卻驚訝地發現，維琪的臉上現出了紅暈，體溫和血壓也都恢復了正常。為了證明這確實是易卜生的功勞，醫生們給維琪穿上「鐵肺」，結果病情立即急轉直下。很顯然，「鐵肺」的效率不夠高。

「趕緊召集所有醫學院的學生們，給病人手動輸氧！」拉森院長下了命令。很快，一千五百名醫學院學生被招進醫院，負責擠壓氧氣袋。這可是一個苦工，一刻也不能停。於是，學生們分成了四班，每六小時換一班，不停地擠啊擠。幾天之後，不少學生就受不了了，紛紛要求回家，但仍然有一些人堅持了下來，直到瘟疫結束。

據統計，這些學生一共擠了十六點五萬個小時，病人的死亡率從90％下降到25％，易卜生成了英雄。

其實這事說起來並沒有那麼神祕。當時醫院裡最常用的一種麻醉法，就是用箭毒麻痺病人的呼吸肌群，讓病人停止自主呼吸，然後再用人工方法維持病人的呼吸，這樣做可以大大減少麻醉劑的使用量。作為一個麻醉師，易卜生當然對病人缺氧時的症狀十分熟悉，而氧氣袋輸氧法，也是他非常擅長的一項日常操作，僅此而已。

進一步研究發現，缺氧是急症病人最大的危險，於是人工輸氧就成了急診室的一項常規操作，當然呼吸機很快就變成了電動操作，不用僱學生來擠氧氣袋了。呼吸機的發明，挽救了無數人的生命，因為氧氣為病人贏得了寶貴的時間。假如當初沒有「外行」易卜生的參與，這個方法不知要等到什麼時候才會被發現。

打開心臟的手術有多難？

登山家的終極目標是聖母峰，外科醫生的終極目標是心臟手術。

一開始的心臟手術等於殺人

心臟有多重要？人類最早的死亡定義就是心跳停止。可在外科醫生眼裡，心臟就是一團肌肉而已，修補心臟從技術上來說，就像縫合傷口一樣容易，關鍵是手術的同時，怎樣維持血液的流動，這可就難了。難怪著名的德國外科醫生T·H·比爾羅斯在一八九三年說過一句很有名的話：所有想嘗試心臟手術的醫生，都會遭到同行們的鄙視。這話的意思是：心臟手術等於殺人。

最早的心臟手術都是在不打開心臟的前提下，進行一些小修補。一九二三年，美國波士頓的一名醫生，冒險把一把小刀插進病人的心臟，割開了被阻塞的冠狀動脈瓣，竟然獲得了成功。這絕對應當算是個意外，因為那個時候，還沒有發現抗菌素，輸血和麻醉技術也都沒有過關！難怪他後來的幾例類似手術均告失敗，他的冒險生涯被及時終止了。

二戰給了外科醫生們一個試驗的機會，因為很多士兵被子彈或者彈片擊中心臟，必須想辦法取出來。醫生只敢在心臟上開一個小切口，迅速取出異物，立即縫合傷口。同樣的方法也適用於一些小手術，比如割開瓣膜、疏通血管之類，醫生不需要看見病灶，只需要插進一根手指或者一把小刀，依靠經驗，摸黑完成任務，立即退出。可是，像法洛氏四聯症（Fallot's Tetralogy）這樣的先天性心臟病，病因複雜，需要縫合心室之間的缺損，看不見病灶，就沒法下針。一個頂尖的外科醫生進行一次這樣的手術，最快也需十五分鐘，而大腦在缺氧五分鐘後就會死亡，兩者之間相差十分鐘之久。

加拿大醫生比爾・比格洛（Bill Bigelow）想出了一個解決辦法。他注意到，在低溫下，動物的心跳可以變得很慢，大腦對氧氣的需求降低了很多。於是他提出降低病人體溫，為心臟手術贏得了幾分鐘的寶貴時間。第一例採用低溫法的心臟手術，實施於一九五二年美國明尼蘇達大學，獲得了成功。可是，醫生們很快發現，很多病人的心臟缺損比預期的複雜，幾分鐘是不夠的。

最終的解決辦法來自一位英國的實習醫生。一九三一年，二十八歲的約翰・吉本（John Gibbon）奉命看護一個剛剛進行完手術的病人，那個病人得了肺栓塞，血液凝塊阻塞了心臟通向肺部的血管。主治醫生立即進行疏通手術，雖然只用了六分三十秒，但病人還是死在了手術枱上。吉本受了刺激，回家苦思冥想，終於想出了一個辦法：用血泵代替心臟，讓血液在體外進行氧氣和二氧化碳的交換，再輸送回身體裡。

拿自己做實驗，研究出來的「心肺機」

這個想法實施起來難度很大，最大的困難在於，模仿肺泡的功能。血液在肺泡中進行氣體交換，吉本想出一個辦法，讓血液經過一個離心機，離心力把血液鋪展成一個薄膜，這樣就可以充分進行氣體交換了。可是，離心力太大會壓碎血細胞，需要經過多次試驗，才能找出合適的速度。

除此之外還有很多與人體生理有關的問題需要解決，吉本沒錢，只好拿自己做實驗。比如，為了測量體溫對末端血管的收縮強度造成的影響，吉本把一支溫度計插入自己的肛門，然後再吞下一根胃管，讓妻子從外面往胃裡灌冷水，降低自己的體溫。經過多年努力，吉本終於製成了世界上第一台「心肺機」。

一九五二年，吉本進行了全世界第一例在「心肺機」輔助下實施的心臟手術，結果以失敗告終。第二年他又進行了三例這樣的手術，只有一例成功，其餘兩人眼睜睜地死在了他的手術枱上，這讓吉本有點受不了了，宣布放棄心臟手術，並停止了關於「心肺機」的實驗。

吉本的失敗，給了整個心臟外科領域的醫生們當頭一棒，很多人都絕望地認為，心臟是神祕之地，不能隨便被打開。

不過，科學的發展很快就把絕望變成了希望。一九五四年，首創低溫心臟手術的明尼蘇達大學的外科醫生，又進行了世界上第一例志願者輔助下的心臟手術，也就是用一個活人的心臟代替「心肺機」，幫助病人進行血液循環，結果獲得了成功。之後不久，一個名叫理查・德瓦爾（Richard DeWall）的科學家發明了「氣泡充氧法」，就是往血液裡灌氧氣泡，避免了離心機給血液帶來的破壞作用。隨著新技術的實施，以及醫生們經驗的增加，心臟手術的成功率大幅度上升。如今這已經是心外科醫生必學的手術了，成功率極高。

心臟手術的成功，是人類醫療史上的一項劃時代的成就，它為醫學界注入了樂觀的空氣，從此人們終於相信，醫學的發展是無止境的，一切皆有可能。

找到新耐磨材料的人工髖關節

一個整形外科醫生見證了人類的智慧可以媲美大自然的創造。

見解與眾不同的醫生

以前，一個人生病了，首先想到的肯定是治，其次……沒有其次了，因為人們一直有個理念，那就是大自然創造出來的東西，是不能用人工方法替代的。

髖關節置換術（Hip Replacement）的出現，改變了這種狀況。

髖關節指的是骨盆和大腿骨之間的那個關節，是人體最吃重的關節。一旦關節之間的那層軟骨被磨光了，關節頭直接接觸關節面，患者便會疼痛難忍，嚴重時根本無法走路，嚴重影響了患者的生活品質。

人類很早就搞清關節的構造，但是要想置換全新的人造關節，尤其是髖關節這種吃重很大的關節，卻不是一件容易的事情。從上世紀三〇年代開始，就有人嘗試替換髖關節，有人採用不銹鋼，也有人採用更結實的鈷金屬，但結果都不理想。

一九五四年，英國召開了每年一度的整形外科大會，會上有人列舉了髖關節整形手術遇到的困難。有個小個子中年人站起來說道：「我看乾脆別做了，從你們彙報的資料來看，現有的髖關節置換術完全失敗了，還不如把病人的關節鋸掉，把兩頭接起來讓它們長死。這樣雖然失去了活動能力，起碼可以不疼了！」

此人名叫約翰•查恩雷（John Charnley），是英國的一個整形外科大夫。他本來不是搞這個的，有一次他的一個病人向他抱怨說，他在別處安裝的人工髖關節一開始總是吱吱作響，弄得老婆總躲著他。幾個星期後，響聲消失了，給他做手術的醫生說，這是因為關節之間的摩擦減少了。

聰明的查恩雷卻有不同意見。他研究過一個剛剛截肢下來的膝關節，發現關節表面的摩擦係數是驚人的〇•〇〇五，比冰刀和冰面的摩擦係數都要小。他認為起初的吱吱聲正好說明，人工關節為了不發生側滑，必須緊貼在一起，後來聲音消失，則是由於關節鬆動造成的。這樣的關節無法長久。要想得到耐磨的關節，必須設法找到一種摩擦係數小的人工材料。

查恩雷關起門來研究了七年，終於設計出一種全新的人工髖關節。他在三個方面改良了原來的設計。首先，他採用了一種新型材料——鐵氟龍，也就是不沾鍋採用的表面塗料。其次，他改良了原來的固定方式。過去醫生們都用螺絲釘來固定人工關節，查恩雷卻改用丙烯酸骨水泥（Acrylic Cement）。這種類似水泥的物質，把關節的受力均勻分配到整個骨頭中，使得關節固定的強度，比螺絲釘方式增大了兩百倍。第三，他修改了人工髖關節的參數。以前的醫生們都是按照人體本身的關節大小，來設計人造關節，但查恩雷不信邪，他通過計算發現，新材料改變了關節的特性，必須減少關節的大小，才能使它更加牢固。於是他把關節頭和關節面的大小減少了大約一英寸，效果比原來強了很多。

一九六一年，查恩雷把新的設計，發表在著名的雜誌《柳葉刀》上，開創了人工關節的新時代。

一個瘋狂的醫生造福了現代無數人

可是，幾年之後出現了新情況。鐵氟龍摩擦係數雖然很小，但耐磨程度不夠，幾年後就要重新更換。另外，鐵氟龍會使人體產生異體排斥，造成關節腫大，查恩雷意識到問題的嚴重性，他停止了手術，整天把自己關在實驗室裡，試圖找出新的替代材料。

一天，他的助手跑來說，有個推銷員向他推銷一種織布機上用的新耐磨材料，叫做「高分子量聚乙烯」（HMWP）。這種新材料是德國一家公司剛開發出來的，還沒有上市。查恩雷用指甲在HMWP上劃了一道，便把助手打發走了。可這位名叫哈里·克拉文（Harry Craven）的年輕人沒有放棄，自己偷偷進行了試驗，發現HMWP確實比鐵氟龍好很多，便再次跑到查恩雷的辦公室，要求老闆再試一次。這一次查恩雷相信了助手的話，在儀器上不間斷地試驗了三個星期，結果HMWP的磨損程度，只相當於鐵氟龍的一半。

耐磨性有了，那異體排斥的特性怎麼樣呢？查恩雷決定用自己的身體做實驗。他把一小片HMWP植入一條手臂裡，另一條手臂裡放入鐵氟龍。幾個月後植入鐵氟龍的地方，明顯腫了起來，而HMWP一點沒變。

有了實驗結果支持，查恩雷又開始做手術了。在這之後的三年時間裡，他一共做了五百例髖關節置換手術，然後跟蹤觀察了幾年，發現有百分之九十二點七的病人可以說完全成功，這才於一九七二年又發表了一篇新的論文，彙報了這種新材料的好處。

至此，關於髖關節置換術的故事可以告一段落了。目前，起碼在西方國家裡，髖關節置換術已經是常規手術了，僅在美國每年就有三十萬人接受手術，創造了二十億美元的市場價值。更重要的是，這項手術提高了無數人的生活品質，在這個人口日益高齡化的今天，這項手術的價值尤其重要。

這一切都源自五十年前，那個小個子外科醫生聰明的大腦。查恩雷證明了人類的智慧可以媲美大自然的創造。

後記

我是二〇〇五年九月正式來三聯工作的。在此之前我只寫過樂評，可是三聯已經有了專寫音樂的主筆王曉峰，我不知道自己適合寫些什麼。副主編苗煒建議我開個科技專欄，利用我在生命科學領域的知識背景，向讀者介紹科學新知。他給這個專欄起了個名字——生命八卦，並叫我一定要寫得通俗易懂。

「八卦」這兩個字，給了我很大的寫作空間，我以為從此我就可以海闊天空，想到哪兒說到哪兒了。誰知才寫了幾期，主編朱偉就槍斃了一篇，說這篇文章有太多的批評，卻沒有足夠的論據支持。他給我提出了一個新要求，必須寫國際上最尖端的科學發展，但一定要少批評，多證據。

兩位主編的話都很有道理。他倆給這個專欄提出了兩條標準：一、內容上要有科學根據；二、寫法上要通俗易懂。後來王曉峰給我杜撰了一個口頭禪：你有什麼科學根據？我必須借此機會澄清一下：這句話不是我的發明，版權屬於主編朱偉。

科學根據來自哪裡呢？主要來自國外的科學雜誌和主流媒體。一般情況下，我每天都會流覽一遍國際頂尖的幾個科學雜誌的網站，比如《科學》和《自然》，以及我信得過的幾個科普網站，比如《新科學家》和《發現》，還有國外主流綜合性媒體的科學版面，比如《紐約時報》、《時代週刊》、《泰晤士報》和《衛報》的科學版等，從中尋找與生命科學有關的最新報導。一旦發現感興趣的話題，我便動用維基和google等搜尋引擎，尋找一切可能找到的相關素材，再結合自己以前的累積，把科學家們的新成果，透過一個自成體系的小故事介紹給讀者。

這樣做是非常累人的。當我把自己熟悉的領域寫完後，就只能開始涉足以前不太熟悉的領域，這就等於每週新學一門知識，雖然累，但自己也很有收穫。

在寫作過程中，除了兩位主編定下的兩條標準外，我還給自己提出了一個標準。古人早就說過：與其授人以魚，不如授人以漁。我覺得一篇好的科學文章，不但要傳播科學知識，更應該傳播科學的思維方式。我在寫作的時候會有意識地在科學思維方式和研究思路上多下筆墨，為的就是向讀者介紹科學家的思維過程，啟發讀者在日常生活中借鑒科學家的思路，依靠自己的力量解決生活中遇到的問題。

希望我的這些文字能對讀者提高生活品質有所幫助。

國家圖書館出版品預行編目資料

生命，八卦一下——男人為什麼長乳頭？女人為什麼每個月都要痛？／袁越著；---.初版.— 臺北市；本事出版：大雁文化發行, 2015〔民104.07〕
面　；　公分
ISBN 978-986-6118-91-3
1.科學　2.通俗作品
307.9　　104008891

生命，八卦一下
——男人爲什麼長乳頭？女人爲什麼每個月都要痛？

作者／袁越　　特約編輯／林毓瑜

發 行 人／蘇拾平
副 總 編／喻小敏
編 輯 部／王曉瑩
行 銷 部／李明瑾
業 務 部／郭其彬、王綬晨
出 版 社／本事出版
台北市松山區復興北路333號11樓之4
電話：(02) 2718-2001　傳眞：(02) 2718-1258
E-mail：andbooks@andbooks.com.tw
發　行／大雁文化事業股份有限公司
地址：台北市松山區復興北路333號11樓之4
電話：(02)2718-2001
傳眞：(02)2718-1258
香港發行所／大雁（香港）出版基地・里人文化
地址：香港荃灣橫龍街78號正好工業大廈22樓A室
電話：852-2419-2288 傳眞：852-2419-1887
網址：anyone@biznetvigator.com

封面設計／copy
內頁排版／陳瑜安工作室
印　刷／上晴彩色印刷製版有限公司
●2015（民104）7月初版
定價360元

本繁體字版由生活・讀書・新知三聯書店授權

ISBN 978-986-6118-91-3